달걀좋아

온 국민이 최애最愛하는 계란 요리 60

달걀 좋아

박용일 지음

싸이프레스

prologue

국내 최초의 남자 푸드스타일리스트 박용일이 최애(最愛)하는 식재료 달걀. 푸드스타일리스트 박용일의 『달걀 좋아』는 달걀 하나로도 충분한 맛과 영양을 주는 메뉴는 물론, 달걀과 잘 어울리는 식재료와의 이색 조합으로 미각을 좀 더 풍요롭게 만드는 요리책이다.

매일매일 쉽게 접하는 달걀을 우리는 얼마나 알고 먹을까? 이 책은 그에 대한 궁금증을 바탕으로 하나씩 만들어진 재미있는 달걀 요리를 소개한다. 오롯이 달걀로만 만들어진 요리부터, 한 가지, 두 가지, 세 가지의 식재료를 더해 만들어진 요리, 그리고 간편한 디저트 요리까지 총 60가지의 간편한 레시피가 실려 있다.

달걀은 완전식품이라는 타이틀만큼 이것저것 다양한 요리로 잘 어우러져 조리도 편리하다. 저자는 하루에 두세 개는 늘 먹고 맛보던 달걀로 만들어진 비책 같은 메뉴들을 간편한 요리에서 스페셜한 요리까지 빠짐없이 제안한다. 그의 요리는 예쁘고 감각적이어서 자칫 만드는 조리법이 어렵게 느껴질 수 있지만 매우 심플한 것이 특징이다. 보기 좋은 음식이 더 먹기도 좋다는 이야기처럼 먼저 눈으로 느끼고 레시피를 꼼꼼히 체크해 따라해 본다면 누구나 쉽고 빠르게 따라할 수 있을 것이다.

달걀은 그냥 먹어도 좋지만 다른 식재료와 함께 어우러져 조리될 때 그 맛과 영양이 더 풍부해진다는 그의 발상을 들여다보는 것도 이 책의 포인트이다. 음식은 대충 먹으면 안 된다는 그의 까다로운 철학으로 60가지에 이르는 보기도 먹기도 좋은 달걀 요리를 만나보자.

contents

All about EGG

달걀

Basic 1

달걀의 종류

무게

68g
이상

왕란

60g 이상
~
68g 미만

특란

52g 이상
~
60g 미만

대란

44g 이상
~
52g 미만

중란

44g
미만

소란

무정란

닭장에서 암탉에게 유전자재조합사료를 먹이
며 키워 생산한 달걀으로 생명력이 없다.

유정란

닭장에서 유전자재조합사료를 먹이며 암탉과
수탉을 같이 키워 생산한 달걀로 무정란과 영
양의 큰 치이는 없다.

유기농달걀

유기농사료를 먹이며 일정 기간 동안에 밖에
서 자유롭게 암탉과 수탉이 같이 어우러지게
키워 생산한 달걀이다.

Basic 2

맛있는 달걀 조리법

삶은 달걀

맛있게 삶는 법

1 냄비에 물을 붓고 소금(약 1작은술)과 식초(3~4방울)를 달걀과 함께 넣어 삶으면 달걀이 부드럽고 특유의 비린내가 줄어든다. 그리고 흰자를 단단하게 만들어 주기도 한다.

2 삶은 달걀은 삶은 직후 찬물에 바로 넣어 열을 식힌 다음 껍질을 벗겨야 깨끗하게 잘 벗겨진다. 삶자마자 그냥 실온에 방치해 두고 나중에 껍질을 벗기려고 하면 껍질과 달걀이 잘 분리 되지 않는다.

Cooking Tip

달걀을 삶을 때는 가장 약한 불에서 삶는 것이 좋으며 냉장고에서 바로 꺼내자마자 삶지 말고 실온에 잠시 두었다가 삶아야 예쁜 모양을 유지 할 수 있다.

반숙 soft boiled eggs

- 달걀을 삶은 지 4분 정도 지나 흰자만 익고 노른자는 거의 익지 않는 상태.
- 달걀을 삶은 지 7분 정도 지나 흰자는 다 익고 노른자는 겉에만 익고 가운데 부분은 약간 덜 익은 상태.

완숙 hard boiled eggs

달걀을 삶은 지 15분 정도가 지난 상태로 노른자와 흰자 모두 푹 익은 상태.

Cooking Tip

완숙한 달걀은 비교적 소화가 잘 되지 않으므로 평소에 소화불량으로 고민하는 사람은 반숙으로 조리해 먹는 것이 좋다.

달걀 프라이

서니사이드업 sunny side up

팬과 맞닿는 달걀의 밑 부분 한쪽만 익힌 상태.

오버 이지 over easy

sunny side up을 뒤집어 그대로 20~30초 정도 익힌 상태.

오버 하드 over hard

sunny side up을 뒤집어 노른자가 완숙이 될 때까지 거의 익힌 상태.

Cooking Tip

달걀 프라이를 할 때 동물성지방의 기름보다는 콩기름이나 퓨어올리브오일 등 식물성기름을 사용하는 것이 건강에 좋다.

달걀 조리법에 따른 칼로리(1개 기준)

생달걀

79kcal

삶은 달걀

75kcal

(가장 칼로리가 낮은 조리법일 경우)

달걀프라이

100kcal

(식물성기름으로 조리할 경우)

신선한 달걀 구별방법과 달걀 보관법

신선한 달걀 구별방법

구매 전

생산된 지 오래될수록 껍질 표면의 큐티클 층이 벗겨져 매끈거리고 광택이 난다. 그러니 달걀을 구매할 때는 껍질이 거칠고 까칠하며 광택이 없는 것을 선택하는 것이 좋다. 또 흔들었을 때 소리가 나지 않으며, 햇빛에 비췄을 때 반투명하고 맑아 보일수록 신선한 것이다.

구매 후

달걀노른자는 껍질과 분리했을 때 볼록하게 올라와 탄력이 있어야 좋은 상태이다. 껍질과 분리했을 때 노른자가 바로 터져 퍼지거나 탄력이 없으면 신선함이 떨어지는 것이다.

달걀 보관법

1 씻기

달걀 표면의 이물질이 거슬린다면 키친타월로 살짝 닦아 내거나 세제를 이용하지 않고 물로만 살짝 제거하는 것이 좋다. 박박 문질러서 닦으면 보호막인 큐티클 층이 파괴되어 외부의 오염물질이 내부로 들어와 신선도가 떨어질 수 있으니 주의하자.

2 보관

달걀은 양쪽 끝 모양이 다른데, 둥근 쪽에는 기실(air chamber, 달걀의 공기주머니)이 있어 세균에 노출되기 쉬우므로 뾰족한 쪽이 아래로 향하게 보관하는 것이 좋다. 어둡고 서늘한 곳에 보관할 수 있다면 얼마간 실온에 두어도 상관없지만 더운 여름철에는 2~3일만 놔두어도 부패가 시작되므로 가급적이면 냉장고에 보관하는 것을 추천한다.

3 유통기한

생달걀의 경우 냉장고 안에서는 3~5주 정도가 적당하며, 완전히 익혀 조리된 달걀은 일주일 정도 보관하는 것이 적절하다. 달걀의 신선도가 궁금하다면 달걀을 물에 넣어 보자. 물속에서 달걀이 안정적으로 서면 매우 신선한 상태, 옆으로 누우면 1주일 정도 지난 상태, 거꾸로 누우면 신선하지 못한 상태, 물에 둥둥 뜨면 먹을 수 없는 상태이다.

Basic 4
달걀의 영양

달걀노른자

비타민D

노른자 100g당 성인 기준 하루 필요량의 36%를 포함하고 있다.

**루테인(Lutein),
제아잔틴(Zeaxanthin)**

눈 건강에 도움을 주는 영양소로 망막에 생길 수 있는 여러 가지 질환의 위험, 즉 백내장, 황반변성 외 다양한 질환 등에 도움이 된다.

달걀흰자

단백질

흰자 100g당 성인 기준 하루 필요량인 22%를 포함하고 있다. 우리 몸의 근육을 발달시키는 모든 아미노산과 단백질을 함유하고 있어서 근육발달을 촉진시키는데 도움을 준다.

비타민B2

흰자 100g당 하루 필요량인 26%를 포함하고 있다.

셀레늄(Selenium)

신체 노화와 변성을 예방하는데 도움이 되며, 특히 성장기 아이들에게 좋다.

삶은 달걀

비타민A, 엽산, 비타민 B5, 비타민 B12, 인, 비타민E, 비타민K, 비타민 B6, 칼슘, 아연 등을 포함하고 있으며, 그 외 오메가3도 풍부하다고 한다. 또한 달걀에 함유된 비오틴이라는 성분은 모발 성장에도 큰 도움을 준다.

맥반석달걀
스터프드에그

PART 1

ONE
달걀 하나

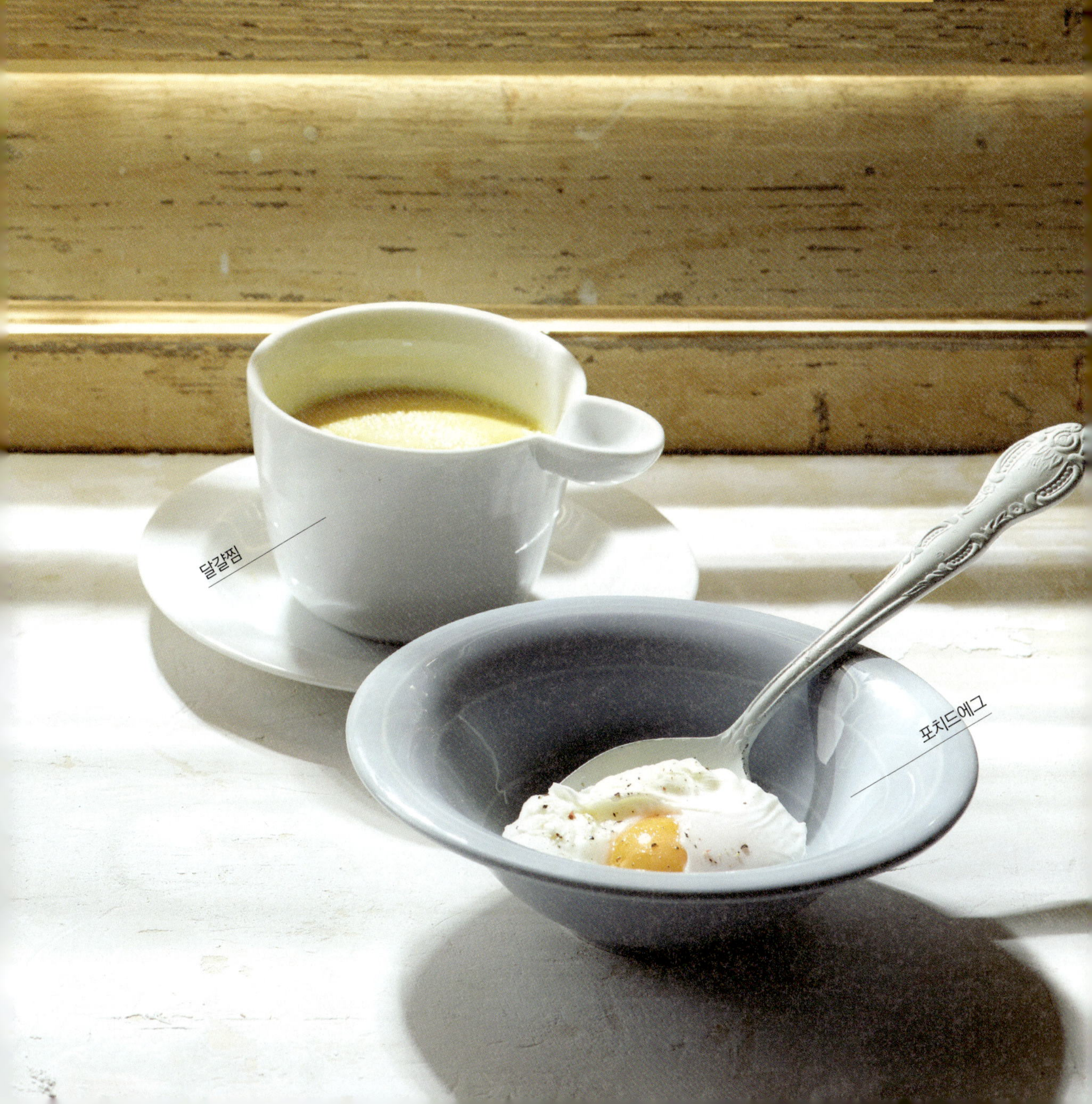

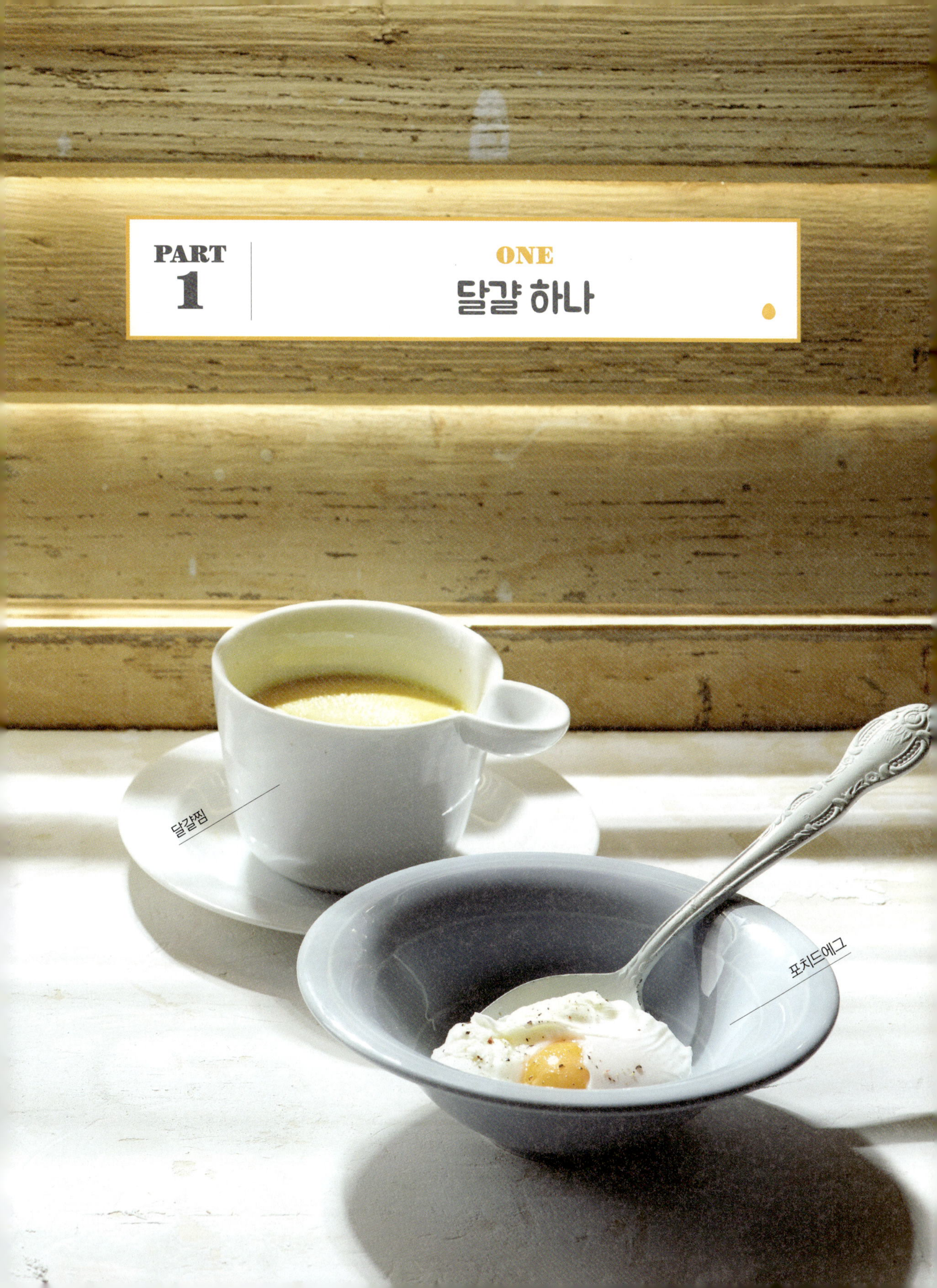

포치드에그

Ready

○ 식초 1큰술 ○ 소금 약간 ○ 물 적당량

How to Make

1 냄비에 물을 붓고 식초와 소금을 넣은 후 끓으면 약한 불로
   줄인다.

2 1의 냄비에 달걀을 깨 넣고 큰 수저로 흰자를 노른자 위쪽
   으로 걷어 올려준다. 여러 번 반복해서 노른자가 겉으로 드
   러나지 않도록 잘 덮어 준다. 반숙 상태에서 약 2~3분 정도
   익히면 된다.

Cooking Tip

완성된 포치드에그는 체에 밭쳐
물기를 없애주세요. 볶음밥이나
샐러드 등 다양한 요리와 잘
어울립니다.

barley stone eggs

맥반석달걀

Ready

○ 달걀 10개 ○ 물 1/4컵 ○ 굵은 소금 1/2큰술

How to Make

1 전기밥솥에 달걀과 물, 소금을 넣고 뚜껑을 닫아 취사 버튼을 눌러 한 번 찐 후, 한 번 더 취사 버튼을 눌러 다시 한번 찐다.

Cooking Tip

취사 시간은 보통 한 번에 20분 정도 소요되며 두 번, 총 40분 정도면 충분하다. 경우에 따라 첫 번째 취사 후 물이 부족해지면 1/4컵 정도를 채워 두 번째 취사를 하여 찌면 된다.

steamed eggs

달걀찜

Ready

○ 달걀 2개 ○ 다시마육수 1/3컵 ○ 새우젓 1작은술
○ 소금 약간 ○ 설탕 약간

How to Make

1 달걀은 볼에 깨 넣은 뒤 잘 저어서 풀어두고 다시마육수를
부어준 다음 새우젓과 소금, 설탕으로 간하여 용기에 붓는다.

2 찜통에 김이 오르면 1을 넣고 중탕으로 12분 정도 약한 불
에서 푹 쪄준다.

Cooking Tip

달걀물을 용기에 붓기 전에 체에
한 번 걸러 넣어 주면 콜레스테롤
덩어리인 달걀 근을 제거할 수 있어요.

스터프드에그

Ready

○ 삶은 달걀 2개 ○ 다진 피스타치오 1작은술 ○ 마요네즈 1큰술
○ 소금 약간 ○ 후추 약간

How to Make

1 삶은 달걀은 반으로 갈라 흰자와 노른자를 분리한 후 흰자 1개분과 노른자 2개를 각각 잘게 다진다.

2 1의 재료 중 다지지 않은 삶은 달걀흰자 1개분을 제외한 모든 재료를 볼에 넣고 마요네즈와 소금, 후추를 넣어 골고루 섞는다.

3 남겨 둔 흰자 속에 2를 채워 넣고 마지막으로 다진 피스타치오를 올린다.

Cooking Tip

달걀을 삶을 때는 젓가락으로 살살 굴려가며 삶아야 노른자가 중앙으로 자리 잡아 반으로 절단 시 모양이 예뻐요. 마카다미아나 땅콩, 아몬드를 곁들여도 좋아요.

에그솔져
알감자달걀장조림

PART
2

ONE + ONE
달걀에 재료 하나

에그베네딕트

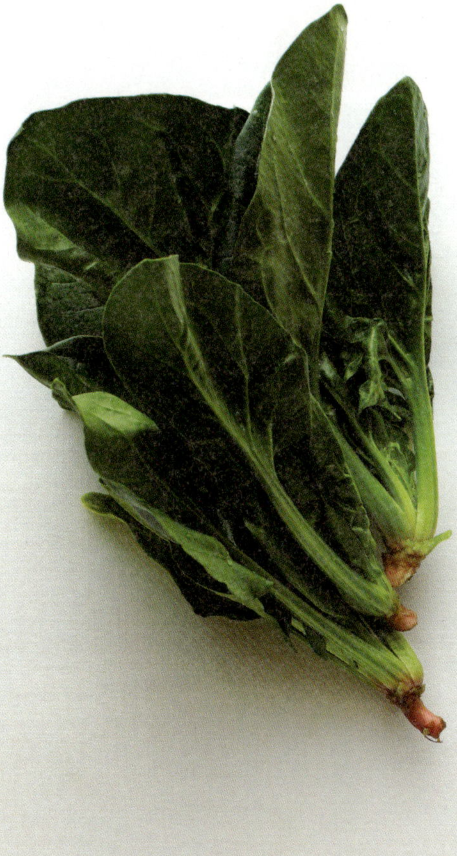

RECIPE
1

달걀 + 시금치

시금치는 철분 흡수를 돕는 비타민C를 함유하고 있어서 비타민C가 부족한 달걀과 함께 섭취하면 서로의 단점을 보완해줄 수 있어요. 달걀과 시금치를 함께 조리하면 헤모글로빈 합성에 필요한 단백질을 달걀이 보충해주기 때문에 영양가가 높아져요. 달걀을 그냥 조리해 먹는 것도 좋지만 달걀의 부족한 영양을 보완해줄 수 있는 시금치와 함께 먹는다면 훨씬 더 영양가 높은 한 끼 식사가 가능하답니다.

spinachs and eggs scramble

시금치에그스크럼블

Ready

○ 달걀 3개

○ 시금치 30g

○ 버터 1큰술

○ 소금 약간

○ 올리브오일 약간

How to Make

1 시금치는 밑동을 자르고 깨끗이 씻어 물기를 뺀다.

2 볼에 달걀을 넣고 잘 저어서 푼 후 소금으로 간한다.

3 팬에 버터를 두르고 준비해둔 시금치를 넣어 볶은 후 소금으로 간한다.

4 팬(3)에 달걀물(2)을 부어 젓가락으로 살살 저어가며 볶는다.

Cooking Tip

스크럼블을 만들 때는 주걱이나
숟가락보다는 나무젓가락을
추천합니다. 나무젓가락으로 살살
잘 저어가며 익혀준다면 달걀이
뭉치지 않고 보슬보슬해져요.

spinachs and eggs porridge
시금치달걀죽

Ready

○ 달걀 1개

○ 시금치 30g

○ 밥 1컵

○ 다시마육수 1컵

○ 참기름 1/2큰술

○ 다진 참깨 1큰술

○ 소금 약간

○ 후추 약간

How to Make

1 시금치는 밑동을 제거한 후 깨끗이 씻어 굵직하게 잘라둔다.

2 달걀은 볼에 넣어 잘 저어서 푼다.

3 냄비에 참기름을 두르고 밥을 넣어 볶은 다음 다시마육수를 붓고 센 불에서 끓이다가 끓으면 시금치와 다진 참깨를 넣어 약한 불에서 잘 저어가며 한 번 더 끓이고 소금으로 간한다.

4 3에서 완성된 죽의 1/2을 믹서에 넣고 곱게 갈아준 후 다시 3의 냄비에 넣어 좀 더 끓인다.

5 마지막으로 4의 냄비에 2의 풀어둔 달걀을 넣어 고루 섞어가며 살짝 끓여 완성한다.

Cooking Tip

다시마육수는 식이섬유와 알긴산이
풍부해 음식의 맛을 좋게 하고,
변비 해소에도 효과가 있어요.
다시마육수가 없다면 미지근한
생수를 사용해도 상관없답니다.

rice balls with spinachs and eggs

시금치달걀한입밥

Ready

○ 달걀 1개

○ 데친 시금치 300g

○ 버터 1큰술

○ 다진 참깨 1큰술

○ 마요네즈 1큰술

○ 밥 1컵

○ 설탕 약간

○ 소금 약간

How to Make

1 데친 시금치는 잘게 다진다.

2 달걀은 볼에 넣어 잘 저어서 풀어준다.

3 또 다른 볼에는 밥과 다진 시금치, 소금, 설탕, 마요네즈, 다진 참깨를 넣고 고루 섞은 후 한입 크기로 동그랗게 만든다.

4 달걀물(2)에 굴려 골고루 묻힌다.

5 4를 버터를 두른 팬에서 노릇하게 굽는다.

Cooking Tip

냄비에 물을 붓고 끓으면 소금을 넣은 후 시금치를 체에 밭친 후 담궈 주세요. 이때 아주 잠깐 동안만 데친 후 바로 건져 찬물에 헹궈주어야 해요. 마지막 과정에서 시금치를 팬에 한 번 더 구워야 하니 그 전에 아주 약간의 생기(날것)만 없애주면 된답니다.

시금치달걀전

Ready

- 달걀 1개
- 시금치 50g
- 밀가루 1컵
- 물 1/2컵
- 버터 1작은술
- 소금 약간
- 후추 약간
- 설탕 약간
- 식용유 약간

How to Make

1 시금치는 깨끗이 씻어 밑동을 자르고 굵직하게 썬다.

2 볼에 달걀, 밀가루, 물을 넣고 잘 저어서 풀어준다.

3 버터를 두른 팬 위에 시금치(1)를 올리고 센 불에서 살짝 볶는다.

4 2에 볶은 시금치를 넣고 소금과 후추, 설탕을 넣어 잘 섞은 후 식용유를 두른 팬 위에 올려 노릇하게 굽는다.

Cooking Tip

시금치는 버터와 함께 볶으면 금방 숨이 죽기 때문에 아주 살짝 볶아야 합니다. 오래 볶으면 시금치가 너무 숨이 죽고 녹아서 죽처럼 될 수가 있어요.

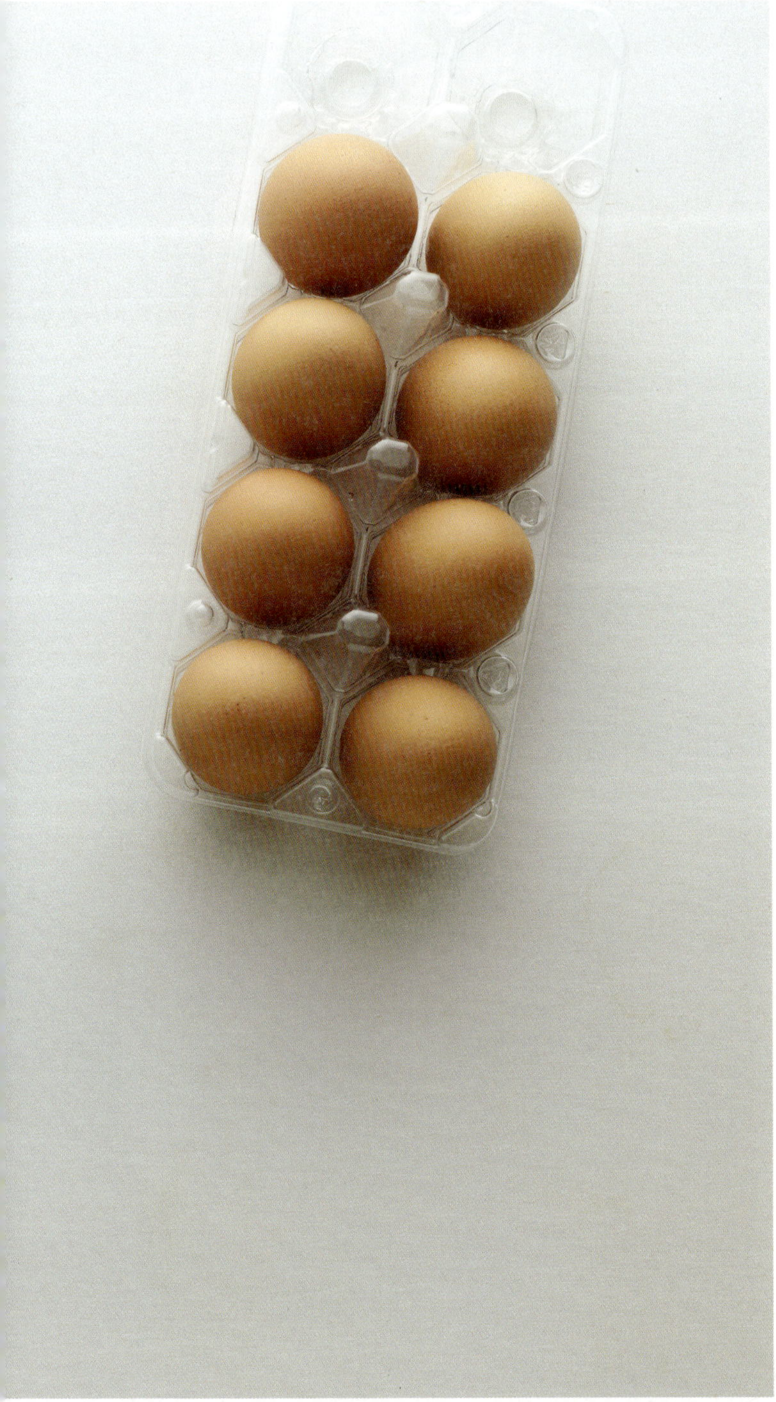

RECIPE 2

달걀 + 대파

달걀과 대파가 잘 어울리지 않는다고요? 달걀의 고소한 맛과 대파의 알싸한 맛이 어우러지면서 자칫 느끼할 수도 있는 달걀 요리를 아주 맛깔스럽게 변신시켜 준답니다. 생각보다 다양한 달걀과 대파가 조합된 요리들… 지금 소개해 드릴게요!

leeks and eggs brochette

구운대파달걀꼬치

Ready

○ 달걀 4개 ○ 대파 1/2대 ○ 소금 약간 ○ 후추 약간 ○ 올리브유 약간

How to Make

1 볼에 달걀을 넣어 잘 저어서 풀어준 후 오일을 두른 팬에 부어 지단을 얇게 부친다.

2 대파는 깨끗이 씻어 손가락 길이로 자른 후 오일을 두른 팬에서 노릇하게 굽고, 소금 · 후추로 간한다.

3 달걀지단(1)을 적당한 폭으로 길게 잘라 돌돌 말아 꼬치에 끼운 후 구운 대파(2)와 번갈아가며 꽂아 완성한다.

Cooking Tip

대파의 매운 성분을 줄이고 싶을 땐 손질된 대파를 찬물이나 얼음물에 담근 후 물기를 빼고 사용해 보세요. 매운맛은 줄어들고 대파의 풍부한 향은 살아납니다.

leeks porridge
대파죽

Ready

○ 달걀 1/2개

○ 대파 1/2대

○ 밥 1컵

○ 다시마육수 2컵

○ 다진 마늘 1작은술

○ 간장 1/2작은술

○ 참기름 1큰술

○ 다진 검은깨 1작은술

○ 소금 약간

How to Make

1 대파는 깨끗이 씻어 굵직하게 썰어둔다.

2 달걀은 볼에 넣어 잘 저어서 풀어둔다.

3 참기름을 두른 냄비에 다진 마늘과 대파를 넣고 볶는다.

4 3에 밥과 다시마육수를 넣어 센 불에서 파르르 끓인다.

5 4에 다진 검은깨와 간장, 소금을 넣고 약한 불에서 잘 저어가며 끓인다.

6 냄비의 불을 끄고 달걀물(2)을 부어 고루 저어가며 섞는다.

Cooking Tip

참기름에 다진 마늘과 대파를 볶을 땐 약한 불에서 볶아야 타지 않아요.
발화점이 낮은 참기름을 팬에 두르고 조리할 때는 반드시 약한 불에서
조리하는 것이 좋답니다.

leeks soup
대파국

Ready

○ 달걀 1개

○ 대파 2/3대

○ 다시마육수 2 1/2컵

○ 다진 마늘 1/2작은술

○ 소금 약간

○ 후추 약간

How to Make

1 대파는 깨끗이 씻어 굵직하게 썰어둔다.

2 달걀은 볼에 넣어 잘 저어서 풀어둔다.

3 냄비에 다시마육수를 붓고 대파를 넣어 푹 끓인 후 소금과 후추로 간한다.

4 여기에 다진 마늘과 달걀물(2)을 넣고 살짝 끓인다.

RECIPE
3

달걀
+
감자

감자에는 비타민E와 비타민C가 다량
으로 함유되어 있어요. 비타민이 부족
한 달걀과 단백질이 부족한 감자를 함
께 섭취하면 서로 부족한 부분을 꽉 채
워주니 환상의 궁합이 아닐 수 없지요.
무엇보다도 고소한 맛의 달걀과 담백
함의 상징 감자의 조화는 풍요로운 요
리를 완성할 수 있게 한답니다.

eggs potatoes croquette

달걀감자크로켓

Ready

○ 삶은 달걀 1개

○ 달걀 1/2개

○ 감자 1/2개

○ 빵가루 1/3컵

○ 밀가루 1/3컵

○ 버터 1/2작은술

○ 마요네즈 1큰술

○ 황색치즈가루 1/3작은술

○ 소금 약간

○ 후추 약간

○ 설탕 약간

○ 식용유 적당량

○ 물 적당량

How to Make

1 감자는 깨끗이 씻어 껍질을 벗긴 다음 끓는 물에 넣어 삶은 후 으깬다.

2 삶은 달걀은 흰자와 노른자를 분리해 각각 곱게 다진다.

3 볼에 1과 마요네즈, 황색치즈가루, 소금, 후추, 설탕을 넣고 골고루 섞는다.

4 또 다른 볼에는 달걀을 잘 저어서 풀어둔다.

5 3은 한입 크기로 둥글넓적하게 만든 후 밀가루, 달걀물(4), 빵가루 순으로 묻힌다.

6 냄비에 식용유를 붓고 끓으면 5를 넣어 노릇하게 튀긴다.

soy sauce braised potatoes and eggs
알감자달걀장조림

Ready

○ 삶은 달걀 2개 ○ 알감자 5개 ○ 물 2컵 ○ 간장 1/2컵 ○ 물엿 2큰술
○ 설탕 1작은술 ○ 맛술 1작은술

How to Make

1 알감자는 껍질째 깨끗이 씻어 둔다.

2 냄비에 분량의 물과 간장을 붓고 물엿과 설탕, 맛술을 넣어 약한 불에서 끓인다.

3 냄비가 끓으면 알감자를 넣고 약한 불에서 졸인 후 삶은 달걀을 넣어 좀 더 졸여낸다.

Cooking Tip

맛술은 요리의 잡냄새를 없애기에 좋아요. 맛술이 없다면 먹다 남은 청주나 화이트와인을 사용해도 상관없어요.

potatoes and eggs salad

달걀알감자샐러드

Ready

○ 삶은 달걀 2개

○ 알감자 5개

○ 다진 검은깨 약간

○ 물 적당량

소스

○ 땅콩버터 1큰술

○ 마요네즈 1큰술

○ 다진 참깨 1큰술

○ 레몬즙 2큰술

○ 올리고당 1큰술

How to Make

1 알감자는 껍질째 깨끗이 씻어 푹 삶은 후 껍질을 벗겨 1/2등분 한다.

2 삶은 달걀은 반으로 잘라 흰자는 그냥 남겨두고 노른자는 보슬보슬하게 체에 내린다.

3 볼에 분량의 소스 재료를 넣고 섞은 후 알감자와 삶은 달걀흰자를 넣어 골고루 버무린다.

4 3에 체에 내려 두었던 달걀노른자(2)를 뿌려 완성한다.

Cooking Tip

땅콩이나 호두, 아몬드 등 다양한 견과류를 곁들여 먹으면 더 풍부한 맛을 즐길 수 있어요. 말린 과일을 넣어도 좋고요. 알감자는 보통 껍질째 조리하기 때문에 작은 솔로 구석구석 깨끗하게 문질러 씻는 것이 좋아요.

potatoes soup

감자국

Ready

- 달걀 1/2개
- 감자 1/2개
- 다시마육수 2컵
- 간장 1/2작은술
- 소금 약간
- 후추 약간

How to Make

1 감자는 깨끗이 씻어 필러로 껍질을 벗긴 후 반으로 자른다.

2 1에서 자른 감자를 얇고 둥글게 채 썬다.

3 냄비에 다시마육수를 붓고 감자를 넣어 한소끔 끓인 후 간장, 소금, 후추로 간한다.

4 달걀은 볼에 넣고 잘 저어서 풀어준 후 3에 붓고 휘 저으며 살짝 끓인다

RECIPE 4

달걀 + 빵

달걀은 빵과 잘 어울려 다양한 스타일로 조리가 가능해요. 달걀만 먹는 것보다는 탄수화물이 풍부한 빵과 함께 곁들이면 든든한 한끼 식사로도 거뜬하지요. 입맛이 없는 아침식사 시간, 빵과 달걀이 더해진 맛깔스러운 요리로 시작한다면 하루가 즐겁지 않을까요?

egg soldiers

에그솔져

Ready

○ 달걀 2개 ○ 식빵 1/2조각 ○ 물 적당량

How to Make

1 끓는 물에 달걀을 넣고 4분 정도 삶은 후 건져내 찬물에 5
분 정도 담가둔다.

2 삶은 달걀의 노른자가 살짝 보일 수 있게 끝부분의 껍질과
흰자를 살짝 벗겨낸다.

3 식빵은 바삭바삭하게 굽고 세로로 1/2등분한 후 2의 달걀
노른자에 찍어 먹는다.

Cooking Tip

식빵을 아주 바삭바삭하게 구워 과자처럼 만든 후
달걀노른자에 찍어 먹어야 더욱 맛있어요.

french toast
프렌치토스트

Ready

○ 달걀 1개 ○ 사각식빵 2조각 ○ 버터 1큰술 ○ 설탕 2작은술
○ 소금 약간

How to Make

1 볼에 달걀을 넣고 잘 저어서 풀어준 후 설탕 1작은술과 소
금을 넣고 골고루 섞는다.

2 식빵 양면에 달걀물(1)을 골고루 묻힌다.

3 버터를 두른 팬 위에 올려 식빵(2)을 노릇하게 구운 후 나
머지 설탕을 뿌린다.

Cooking Tip

더욱 부드러운 맛을 내기 위해서는 설탕과 같은 종류인
슈거파우더를 뿌려보세요. 설탕을 곱게 빻아서 사용해도 좋아요.

egg benedict
에그베네딕트

Ready

○ 달걀 1개

○ 잉글리쉬머핀 1개

○ 식초 1큰술

○ 후추 약간

○ 소금 약간

○ 물 적당량

소스

○ 달걀노른자 1개

○ 버터 3큰술

○ 식초 1/2작은술

○ 슬라이스 레몬 1/2조각

○ 화이트와인 2큰술

○ 월계수잎 1장

○ 소금 약간

○ 후추 약간

How to Make

1 냄비에 달걀노른자와 버터, 식초, 레몬을 넣고 약한 불에서 잘 저어가며 끓인다.

2 1에 화이트와인과 월계수 잎을 넣고 끓인 후 소금과 후추로 간한다.

3 잉글리쉬머핀은 반으로 잘라 토스트기에 노릇하게 굽는다.

4 냄비에 물을 붓고 식초와 소금을 넣은 후 끓으면 약한 불로 줄인다.

5 4에 달걀을 깨 넣고 큰 수저로 흰자를 노른자 위쪽으로 걷어 올려준다. 여러 번 반복해 노른자가 보이지 않도록 덮어 준다.

6 잉글리쉬 머핀 위에 포치드에그를 올리고 소스(2)를 곁들인 후 후추를 뿌린다.

Cooking Tip

소스는 농도가 크림 같이 걸쭉한 질감이 나는 것이 좋으며 윤기가 나야 좋아요. 빵은 베이글이나 다른 빵을 사용해도 상관없답니다.

egg toast

에그마요토스트

Ready

○ 달걀 3개 ○ 식빵 3장 ○ 마요네즈 4큰술 ○ 설탕 약간

How to Make

1 식빵 가장자리에 마요네즈를 0.5cm 정도의 높이로 둘러 바른다.

2 1 위에 달걀을 깨 올린 후 설탕을 골고루 뿌린다.

3 220℃로 예열된 오븐에 2를 넣고 약 5분간 노릇하게 굽는다.

생크림크레페
프리타타
달걀말이

PART 3

ONE + TWO
달걀에 재료 둘

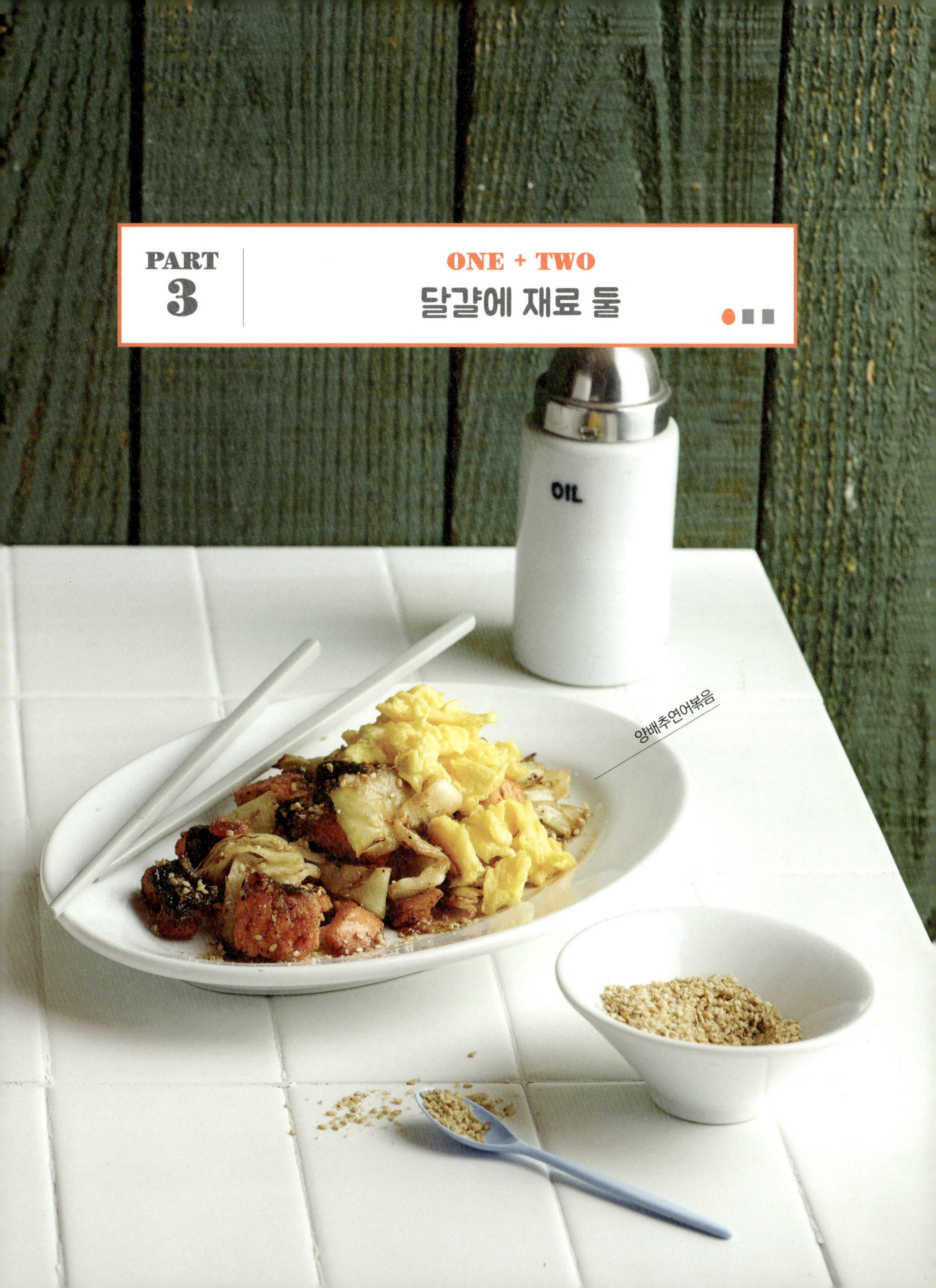

양배추연어볶음

달걀
+
우유
+
생크림

가끔 기분이 다운되거나 우울한 날, 달
걀의 부드러움, 우유의 고소함, 생크림
의 폭신함이 입안 가득히 전해진다면
그 풍부한 맛은 고스란히 행복함으로
기분전환될 거예요.

carbonara
까르보나라

Ready

○ 달걀노른자 1개
○ 우유 1/5컵
○ 생크림 3/4컵
○ 스파게티면 90g
○ 올리브오일 2큰술
○ 다진 마늘 1작은술
○ 그라노파다노치즈 2큰술
○ 소금 약간
○ 후추 약간
○ 물 적당량

How to Make

1 끓는 물에 올리브오일과 소금을 넣은 후 스파게티 면을 넣고 삶아 건진다.

2 올리브오일을 두른 팬에 다진 마늘을 넣고 볶은 후 스파게티면(1)을 넣어 살짝 볶는다.

3 2에 생크림과 우유를 붓고 약한 불에서 졸인 후 그라노파다노치즈 1큰술과 소금, 후추를 넣고 좀 더 졸인다.

4 마지막으로 달걀노른자를 넣어 젓가락으로 빠르게 저은 후 나머지 그라노파다노 치즈를 뿌려 완성한다.

Cooking Tip

삶은 스파게티면은 소스에 바로 넣어 조리하지 말고, 팬에 오일을 두르고 살짝 한 번만 먼저 볶아주면 면이 더 쫄깃하고 탱탱해지며 불어서 퍼지는 것을 방지할 수 있어요. 그라노파다노치즈가 없다면 파르메산치즈가루나 체다슬라이스치즈 등으로 대신해도 괜찮아요.

whipped cream crepe
생크림크레페

Ready

○ 달걀 3개
○ 우유 1컵
○ 생크림 50g
○ 밀가루 110g
○ 버터 1큰술
○ 슈거파우더 2작은술
○ 소금 약간

토핑

○ 생크림 1컵
○ 설탕 2큰술

How to Make

1 볼에 달걀과 우유, 소금을 넣고 잘 저어준 후 생크림을 부어 함께 섞는다.

2 밀가루는 체에 곱게 내리고, 1과 함께 섞어 반죽한 후 다시 한번 체에 내린다.

Tip 밀가루를 체에 내리는 이유는 밀가루의 덩어리를 골라내기 위해서이기도 하고, 밀가루 속의 공기 함유량을 높여 빵을 더욱 부드럽게 하기 위해서예요.

3 볼에 분량의 토핑 재료를 넣고 휘핑기로 잘 섞어 단단하게 만든다.

4 버터를 두른 팬 위에 2를 붓고 얇게 편 후 굽는다.

5 4에 생크림(3)을 골고루 펴 올린 후 반으로 접어 슈거파우더를 뿌려낸다.

Cooking Tip

크레페를 구울 때 팬에 버터를 너무 많이 두르면 크레페의 표면이 쪼글쪼글해져요. 팬에 버터를 두르고 키친타월로 살짝 닦아내 소량만 남게 한 후 반죽을 부어주면 표면이 매끈매끈하게 구워진답니다. 그리고 약한 불에서 구워야 타지 않고, 질기지 않은 부드러운 크레페를 만들 수 있어요.

pancake
팬케이크

Ready

○ 달걀 1개
○ 우유 1/2컵
○ 생크림 1큰술
○ 밀가루 30g
○ 베이킹파우더 1/3작은술
○ 설탕 1/2큰술
○ 버터 1작은술
○ 소금 약간
○ 바닐라에센스 약간
○ 메이플시럽 약간

How to Make

1 달걀은 흰자와 노른자를 분리한 후 볼에 흰자만 넣고 휘핑기로 잘 풀어 거품을 낸다. 볼을 뒤집었을 때 거품이 떨어지지 않을 정도면 된다.

2 또 다른 볼에는 우유와 생크림, 노른자, 설탕을 넣고 고루 섞는다.

3 체에 곱게 내린 밀가루와 베이킹파우더, 소금을 2에 넣고 골고루 섞어 반죽한다.

4 3에 1을 조금씩 나눠 넣으면서 반죽이 꺼지지 않도록 살살 저어 섞어준 후 바닐라에센스를 넣는다.

5 버터를 두른 팬 위에 4를 부어 노릇하게 구운 후 메이플시럽을 뿌려낸다.

Cooking Tip

달걀의 흰자와 노른자를 분리해 휘핑하게 되면 반죽이 매우 풍부해져 식감도 좋아지고 뽀송뽀송해져요. 귀찮다고 한꺼번에 넣지 말고 꼭 따로 넣어 반죽해주세요.

eggs milk soup

달걀우유죽

Ready

○ 달걀노른자 1개
○ 우유 1컵
○ 생크림 1큰술
○ 쌀 2/3컵
○ 버터 1작은술
○ 물 1컵
○ 소금 약간
○ 설탕 약간

How to Make

1 믹서에 쌀과 우유를 넣고 곱게 갈아준다.

2 1을 버터를 두른 냄비에 담아 센 불에서 끓인 후 파르르 끓기 시작하면 약한 불로 줄여 잘 저어가면서 한소끔 더 끓인다.

3 소금과 설탕으로 간한 후 생크림을 넣어 좀 더 끓인다.

4 달걀노른자를 푼 다음 냄비(3)에 넣고 빠르게 저어가면서 좀 더 끓여 완성한다.

Cooking Tip

동물성 생크림에는 트랜스지방이 들어있어 몸 속 지방 대사를 방해해 동맥경화나 뇌경색, 암, 당뇨 등의 질환을 일으키는 중요 원인이 된답니다. 건강을 위해 동물성 생크림보다는 식물성 생크림을 사용하세요.

달걀
+
토마토
+
베이컨

토마토는 익힐수록 영양이 더 풍부해져요. 달걀과 토마토, 여기에 베이컨의 짭조름한 맛이 더해지면 포만감도 훨씬 커지겠죠? 달걀의 노란색과 토마토, 베이컨의 붉은색이 어우러진 요리는 식욕을 돋게 하고, 식사하는 내내 기분까지 즐겁게 만들어줄 거예요.

omelet
오믈렛

Ready

○ 달걀 2개
○ 베이컨 1줄
○ 토마토 1/3개
○ 케첩 1큰술
○ 소금 약간
○ 후추 약간
○ 다진 파슬리 약간
○ 올리브오일 적당량

How to Make

1 볼에 달걀을 넣고 잘 저어 풀어준 후 소금, 후추로 간한다.

2 토마토는 깨끗이 씻어 잘게 다진 후 키친타월로 감싸 물기를 살짝 빼주고, 베이컨은 잘게 다져둔다.

3 올리브오일을 두른 팬에 다진 베이컨을 넣고 볶다가 후추로 간한 후 다진 토마토를 넣고 다시 한번 볶는다.

4 또 다른 팬에 올리브유를 두르고 달걀물(1)을 부은 후 약한 불에서 고무주걱으로 살살 저어가며 굳기 전에 부채꼴 모양을 만든 후 3을 넣고 돌돌 말아준다. 오믈렛이 완성되면 케첩과 다진 파슬리를 뿌려낸다.

baked tomatoes and eggs
토마토달걀오븐구이

Ready

- 삶은 달걀 3개
- 베이컨 2줄
- 토마토 1개
- 황색 대추토마토 3개
- 홍색 대추토마토 3개
- 로즈마리 1줄기
- 발사믹크림 2큰술
- 소금 약간
- 후추 약간

How to Make

1 대추토마토와 토마토를 깨끗이 씻은 후, 토마토만 8등분으로 자른다.

2 베이컨은 큼직하게 자르고, 로즈마리는 깨끗이 씻어 물기를 뺀다.

3 올리브오일을 두른 팬 위에 베이컨을 넣고 볶다가 1을 넣고 다시 한번 살짝 볶는다.

4 오븐용 팬에 3과 삶은 달걀을 통째로 넣고 위에 로즈마리를 올려 200℃로 예열한 오븐에 넣어 8분 정도 구운 후 발사믹크림을 뿌려 완성한다.

Cooking Tip

발사믹크림은 발사믹식초를 불에 졸여 만든 것으로 좀 더 걸쭉하고 새콤달콤함 맛을 내며 다양한 요리의 드레싱으로 사용되지요. 직사광선이 닿지 않는 그늘진 실온에 보관하면 오래 신선하게 사용할 수 있어요.

tomatoes bacon roll

토마토베이컨말이

Ready

○ 삶은 메추리알 6개

○ 황색 대추토마토 3개

○ 홍색 대추토마토 3개

○ 베이컨 2줄

○ 설탕 약간

○ 후추 약간

○ 올리브오일 적당량

소스

○ 마요네즈 1큰술

○ 고추냉이 1/2작은술

○ 올리고당 1/2작은술

○ 레몬즙 1작은술

How to Make

1 대추토마토는 깨끗이 씻어 물기를 닦아, 베이컨은 3등분한다.

2 대추토마토에 돌돌 말아 메추리알과 함께 꼬치에 끼운다.

3 올리브오일을 두른 팬 위에 1을 올리고, 뒤집어가며 골고루 구운 다음 설탕과 후추로 간한다.

4 볼에 분량의 소스 재료를 넣고 골고루 섞은 후 2 위에 뿌린다.

eggs boiled in tomato sauce

토마토소스달걀졸임

Ready

○ 삶은 달걀 3개 ○ 베이컨 2줄 ○ 토마토 1/2개
○ 토마토페이스트 2큰술 ○ 설탕 2작은술
○ 소금 약간 ○ 올리브오일 적당량 ○ 물 2/3컵

How to Make

1 베이컨은 굵직하게 자르고, 토마토는 깨끗이 씻어 잘게 다진다.

2 올리브오일을 두른 팬 위에 베이컨과 토마토를 올려 볶다가 토마토페이스트를 넣고 다시 한번 볶은 후 설탕과 소금으로 간한다.

3 물을 붓고 센 불에서 끓이다가 삶은 달걀을 넣고 약한 불에서 졸인다.

달걀
+
아보카도
+
소고기

도시락, 샌드위치, 김밥에 볶음밥까지… 이 정도면 소풍이나 나들이 음식으로 충분하지 않을까요? 거기에 영양가 높은 재료로 만든 건강식이라면 더 좋겠지요. 적당히 새롭고 폼도 나는 스타일리시한 나만의 도시락을 만들 수 있는 기회랍니다.

streusel lunchbox
소보로도시락

Ready

- 달걀 1개
- 아보카도(잘 익은 것) 1/4개
- 다진 소고기 50g
- 밥 1컵
- 소금 약간
- 올리브오일 적당량

소고기양념

- 간장 1/2큰술
- 참기름 1작은술
- 설탕 1/2작은술
- 다진 마늘 1/2작은술
- 후추 약간

How to Make

1 달걀은 볼에 넣고 잘 저어 풀어준 후 소금과 설탕으로 간한다.

2 올리브오일을 두른 팬에 달걀물을 붓고 센 불에서 젓가락으로 빠르게 저으며 스크램블 한다.

3 아보카도는 껍질을 벗겨 으깨듯이 잘게 다져둔다.

4 볼에 다진 소고기와 분량의 양념 재료를 넣고 고루 섞은 후 20분 정도 재운다.

5 또 다른 팬에 올리브오일을 두르고 재운 소고기(4)를 올려 골고루 볶는다. 재료 준비가 끝나면 도시락에 밥을 잘 펴서 담고, 그 위에 스크램블 한 달걀(2)과, 다진 아보카도(3), 볶은 소고기를 가지런히 올린다.

Cooking Tip

아보카도는 익어서 껍질이 약간 검은 빛이 도는 것을 사야 조리하기 쉬워요. 겉껍질을 손으로 살짝 눌렀을 때 약간 탄력이 있으면서 들어가는 것이 가장 좋아요. 덜 익은 것을 샀다면 그늘진 실온에 며칠 놔두어 검은색을 띠기 시작하면 조리하여 쓰면 됩니다.

mashed avocado and beef sandwich

매시트아보카도비프샌드위치

Ready

- 삶은 달걀 1/3개
- 아보카도(잘 익은 것) 1/5개
- 다진 소고기 15g
- 통식빵 70g
- 버터 1큰술
- 설탕 약간
- 소금 약간
- 후추 약간
- 올리브오일 적당량

How to Make

1 통식빵을 3cm 두께로 자른 후 가장자리에 1cm 정도만 남겨두고 중앙의 안쪽으로 칼집을 낸다.

2 버터를 두른 팬에 식빵을 올려 노릇하게 굽는다.

3 볼에 껍질을 벗긴 아보카도와 달걀을 넣고 곱게 으깬다.

4 또 다른 팬에는 올리브오일을 두르고 다진 소고기를 넣어 골고루 볶은 후 설탕과 소금으로 간한다.

5 3에 4의 소고기를 넣어 고루 섞은 후 2의 식빵 속을 채워 후추를 뿌려 낸다.

three color mini gimbap

삼색미니김밥

Ready

- ○ 달걀 1개
- ○ 소고기 50g
- ○ 아보카도(잘 익은 것)
  1/4개
- ○ 밥 1컵
- ○ 김 2장
- ○ 소금 약간
- ○ 올리브오일 적당량
- ○ 식용유 적당량

밥 양념
- ○ 참기름 1/2작은술
- ○ 식초 1/2작은술
- ○ 깨소금 약간

아보카도 양념
- ○ 레몬즙 1작은술
- ○ 설탕 약간
- ○ 소금 약간
- ○ 후추 약간

소고기 양념
- ○ 간장 1작은술
- ○ 설탕 1/3작은술
- ○ 참기름 1/2작은술
- ○ 다진 마늘 1/3작은술
- ○ 후추 약간

How to Make

1 볼에 밥을 넣고 분량의 양념 재료와 함께 고루 섞는다.

2 아보카도는 껍질을 벗겨 으깬 후 분량의 양념 재료와 함께 고루 섞는다.

3 소고기는 분량의 양념 재료와 함께 고루 섞은 후 20분 정도 재운다.

4 달걀을 볼에 넣고 잘 저어 풀어준 후 소금으로 간한다.

5 올리브오일을 두른 팬. 위에 재워둔 소고기(3)를 올려 볶는다.

6 또 다른 팬에 식용유를 두르고 달걀물(4)을 부어 두껍게 지단을 부친 후 0.5cm 두께로 길게 자른다.

7 김은 3등분한 후 밥(1)을 깔고 나머지 각각의 재료를 따로 올려 돌돌 말아 완성한다.

fried rice
볶음밥

Ready

○ 달걀 1개
○ 아보카도(잘 익은 것)
   1/4개
○ 소고기 60g
○ 밥 1공기
○ 버터 1큰술
○ 다진 마늘 1/2작은술
○ 소금 약간
○ 설탕 약간
○ 후추 약간
○ 검은깨 약간
○ 올리브오일 적당량
○ 식용유 적당량

How to Make

1 아보카도는 껍질을 벗겨 잘게 다진다.

2 올리브오일을 두른 팬에 다진 마늘을 넣어 볶은 후 소고기를 넣고 다시 한번 볶는다.

3 2에 밥과 후추를 넣어 볶은 후 다진 아보카도(1)와 소금, 설탕을 넣고 좀 더 볶는다.

4 식용유를 두른 팬 위에 달걀을 올려 프라이를 한 후, 그릇에 완성된 볶음밥을 옮겨 담아 검은깨를 뿌리고 달걀프라이를 곁들인다.

Cooking Tip

검은깨는 흑임자라고도 불리며,
섬유질과 칼슘이 풍부해 참깨보다도
영양가가 더 높아요.

달걀 + 버섯 + 김

단백질로 꽉 찬 달걀, 버섯, 김이 만나 한 그릇의 끼니가 된다면 이처럼 든든한 한끼 식단이 있을까요? 게다가 칼로리 걱정 없이 풍부한 무기질과 비타민으로 포만감을 좀 더 채워준다면 간단한 점심 식사로는 문제없을 거예요.

eggs roll
달걀말이

Ready

○ 달걀 2개

○ 느타리버섯 30g

○ 김 1/4장

○ 소금 약간

○ 후추 약간

○ 설탕 약간

○ 올리브오일 적당량

How to Make

1 느타리버섯은 붓으로 털어서 얇게 찢어 놓는다.

2 달걀은 잘 저어 풀어준 후 소금, 설탕으로 간한다.

3 올리브오일을 두른 팬에 느타리버섯을 올려 볶은 후 후추로 간한다.

4 또 다른 팬에 달걀물(2)을 붓고 절반 정도 익으면 김과 느타리버섯(3)을 순서대로 올려 돌돌 말아준다.

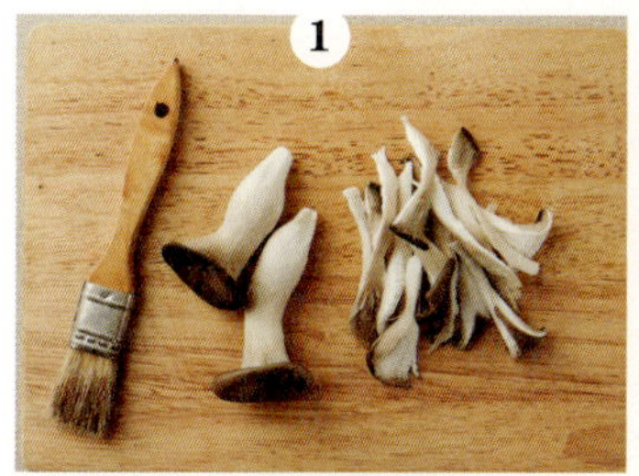

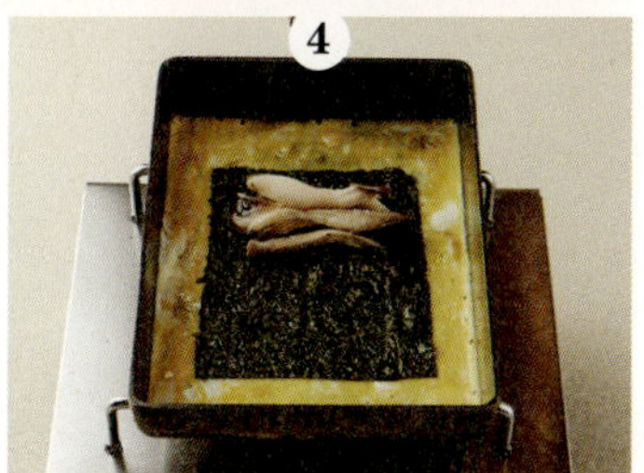

Cooking Tip

달걀말이는 쉽지만 조금은 까다로운 요리예요. 맛은 비슷하지만 예쁜 모양을 만들기란 쉽지가 않죠. 초보자라면 일반 원형 팬보다는 작은 사이즈의 사각 팬을 이용하는 것이 좋아요. 사각 팬이 달걀의 형태를 바로 잡기에 매우 용이하거든요.

rice ball
주먹밥

Ready

○ 달걀 1개

○ 김 1/3장

○ 양송이버섯 1개

○ 밥 1컵

○ 참깨 2작은술

○ 간장 약간

○ 올리브오일 적당량

How to Make

1 달걀은 잘 저어 풀어준다.

2 양송이버섯은 붓으로 이물질을 털어낸 후 얇게 잘라 올리브오일을 두른 팬에 올려 살짝 볶는다.

3 2에 밥을 넣고 함께 볶다가 달걀물(1)을 부어 좀 더 볶아주고, 간장으로 간한 후 참깨를 뿌려 식힌다.

4 삼각김밥 틀에 3을 꾹꾹 눌러 담아 모양을 찍어낸 후 적당한 크기로 자른 김으로 감싼다.

teriyaki fried noodles

데리야끼볶음면

Ready

○ 에그 누들 80g

○ 말린 표고버섯
   (채 썰어 둔 것) 15g

○ 김 1/4장

○ 마늘 2쪽

○ 달걀 1개

○ 간장 2/3큰술

○ 설탕 약간

○ 참깨 약간

○ 참기름 약간

○ 올리브오일 적당량

○ 물 적당량

How to Make

1 말린 표고버섯은 물에 담가 1시간 정도 불린다.

2 마늘은 깨끗이 씻어 얇게 편 썰어준다.

3 냄비에 물을 붓고 끓으면 에그 누들을 넣고 삶아 건진다.

4 올리브오일을 두른 팬에 불린 표고버섯과 마늘을 넣고 볶다가 에그 누들을 넣어 좀 더 볶은 다음 간장과 설탕, 참기름으로 간한다.

5 또 다른 팬에 올리브오일을 두른 후 달걀을 넣어 프라이를 하고, 김은 약한 불에 살짝 구워 굵직하게 부순다. 그릇에 4를 담고 달걀 프라이와 김을 곁들인 후 참깨를 뿌려낸다.

mushroom and egg bibimbap
버섯달걀비빔밥

Ready

○ 달걀 1개
○ 느타리버섯 30g
○ 김 1/2장
○ 밥 1공기
○ 소금 약간
○ 참깨 약간
○ 참기름 약간
○ 간장 약간
○ 식용유 적당량

양념장

○ 고추장 1큰술
○ 참기름 1/2큰술
○ 매실청 1/2작은술
○ 고춧가루 1작은술
○ 다진 참깨 약간

How to Make

1 달걀은 흰자와 노른자를 분리하여 각각 소금으로 간한 후, 식용유를 살짝 두른 팬에 부어 각각 지단을 부치고 얇게 채 썬다.

2 참기름을 살짝 두른 팬에 잘게 찢은 느타리버섯을 볶은 후 간장과 참깨로 간한다.

3 그릇에 밥을 담고 조리한 모든 재료를 가지런히 올린다. 김은 약한 불에 살짝 구운 후 굵직하게 부숴 위에 얹는다.

4 볼에 분량의 양념장 재료를 넣고 고루 섞어 비빔밥과 곁들인다.

Cooking Tip

시금치는 버터와 함께 볶으면 금방 숨이 죽기 때문에 아주 살짝 볶아야 합니다. 오래 볶으면 시금치가 너무 숨이 죽고, 녹아서 죽처럼 변할 수 있어요.

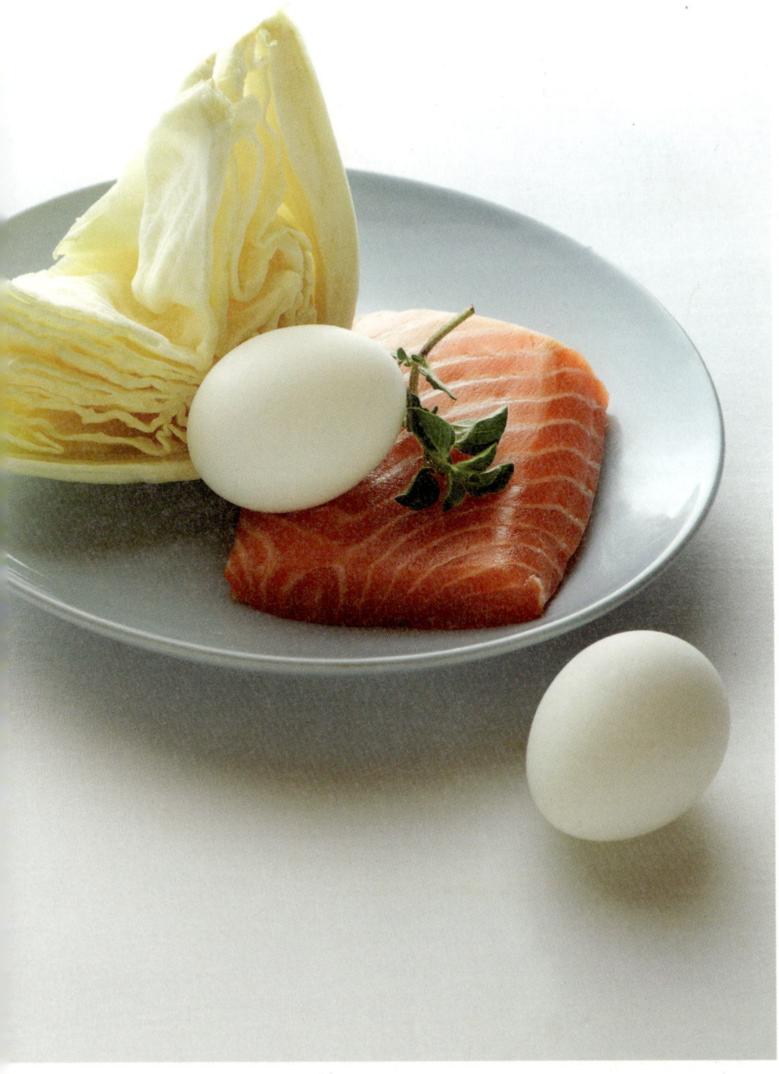

RECIPE 5

달걀 + 양배추 + 연어

완전식품으로 알려진 달걀에 슈퍼푸드로 손꼽히는 연어와 우리 몸에 자극이 없는 양배추를 함께 곁들여 먹는다면 생각만 해도 건강해지는 것 같지 않나요? 일상이 바빠 지친 현대인들에게 피로와 휴식이 되는 건강한 음식이 만들어질 거예요. 음식으로 힐링을 한다니 그 즐거움은 이루 말할 수 없겠죠?

frittata
프리타타

Ready

○ 달걀 2개
○ 양배추 50g
○ 연어 100g
○ 버터 1큰술
○ 생크림 1/2컵
○ 설탕 1작은술
○ 소금 약간
○ 후추 약간

How to Make

1 연어는 버터를 두른 팬에 올려 노릇하게 구운 후 소금과 후추로 간하고 굵직하게 썬다.

2 양배추는 굵직하게 자르고 버터를 두른 팬에 올려 살짝 볶는다.

3 볼에 달걀을 넣고 잘 저어 풀어준 후 생크림과 소금, 후추, 설탕을 넣고 고루 섞는다.

4 오븐용기에 연어(1)와 양배추(2)를 넣고 달걀물(3)을 부은 후 200℃로 예열된 오븐에서 10분간 노릇하게 굽는다.

Cooking Tip

연어는 슈퍼푸드로 손꼽히는 재료 중 하나로, 성인병(동맥경화, 고혈압 등)을 예방해주고, 특히 다크써클과 시력 보호에 큰 효과가 있다고 해요. 또한 주름 예방과 보습 효과도 뛰어나다고 하니 꾸준히 섭취해주면 피부 미용에 도움이 된 답니다.

양배추연어쌈밥

Ready

- ○ 삶은 달걀 1개
- ○ 양배추 160g
- ○ 연어 50g
- ○ 밥 3/4컵
- ○ 소금 약간
- ○ 후추 약간
- ○ 올리브오일 적당량

소스

- ○ 미소된장 1큰술
- ○ 참기름 1/2큰술
- ○ 매실청 1/2작은술
- ○ 레몬즙 1작은술
- ○ 다진 참깨 약간

How to Make

1 삶은 달걀은 곱게 으깨둔다.

2 볼에 밥과 올리브오일을 두른 팬에 노릇하게 구워 잘게 다진 연어와 1을 넣고 고루 섞은 후 소금, 후추로 간한다.

3 양배추를 크게 한 잎씩 뜯어 깨끗이 씻은 후 김이 오른 찜통에 넣고 푹 찐다.

4 찐 양배추 잎에 2를 올린 후 돌돌 말아준다.

5 볼에 분량의 소스 재료를 넣고 고루 섞어 쌈밥(4)에 곁들인다.

Cooking Tip

찜통에 양배추를 넣고 찌는 것이 번거롭다면 끓는 물에 넣어 살짝 삶은 후 채반에 밭쳐 물기를 뺀 다음 사용하세요.

stir-fried cabbage and salmon

양배추연어볶음

●

Ready

○ 달걀 1개

○ 양배추 100g

○ 연어 130g

○ 간장 2작은술

○ 설탕 1/2작은술

○ 다진 참깨 1큰술

○ 후추 약간

○ 참기름 약간

○ 올리브오일 적당량

How to Make

1 연어는 깨끗이 손질해 적당한 크기로 자르고, 양배추는 깨끗이 씻어 굵직하게 자른다.

2 올리브오일을 두른 팬에 연어를 노릇하게 구운 후 후추로 간한다.

3 양배추를 넣고 다시 한번 볶은 후 간장, 다진 참깨, 설탕, 참기름으로 간하여 연어 (2)를 넣어 좀 더 볶는다.

4 또 다른 팬에는 올리브오일을 두르고 달걀을 넣어 스크램블 한 후 3 위에 올린다.

rice ball with salmon
연어라이스볼

Ready

○ 삶은 달걀노른자 1개

○ 양배추 15g

○ 연어 40g

○ 밥 3/4컵

○ 다진 검은깨 1큰술

○ 소금 약간

○ 후추 약간

○ 올리브오일 적당량

소스

○ 씨겨자 1작은술

○ 허니머스터드 1작은술

○ 올리고당 1/2작은술

How to Make

1 양배추는 깨끗이 씻은 후 잘게 다지고, 삶은 달걀노른자는 체에 내린다.

2 올리브오일을 두른 팬에 깨끗이 손질한 연어를 올려 노릇하게 굽고 소금, 후추로 간한 후 잘게 다진다.

3 볼에 손질한 모든 재료를 넣고 밥과 분량의 소스 재료, 다진 검은깨는 1/2큰술만 넣어 고루 섞는다.

4 3을 한입 크기로 둥글게 만든 후 위에 나머지 다진 검은깨를 뿌린다.

소고기깹질콩샐러드
소고기콩죽

PART
4
ONE + THREE
달걀에 재료 셋
미트로프
구운채소꼬치

달걀
+닭
+당근
+양파

늘 냉장고에 구비되어 있는 당근과 양파. 어떻게 활용해야 할지 늘 고민이시죠? 매일 먹던 찌개나 국물요리에 닭고기와 달걀을 함께 넣어 조리한다면 색다른 느낌의 음식을 즐길 수 있을 거예요.

chicken breast vegetable roll

닭가슴살채소말이

Ready

- 달걀노른자 1개
- 닭가슴살 1조각(120g)
- 당근 1/8개
- 양파 1/6개
- 청주 1작은술
- 소금 약간
- 후추 약간
- 올리브오일 약간

소스

- 플레인요구르트 1+1/2큰술
- 올리고당 2작은술
- 레몬즙 1큰술
- 레몬제스트* 1/2작은술

* 레몬제스트는 강판으로 레몬 노란 껍질을 긁어 벗긴 것을 말하며 노란 껍질 안쪽의 흰 부분은 쓴맛이 나므로 노란 껍질 부분만 갈리게 강약 조절을 잘하여 강판에 내리는 것이 좋아요.

{ 레몬세척팁
레몬을 미지근한 물에 20분 정도 담근 후 물과 베이킹소다를 1/2작은술 정도 섞어 부드러운 솔로 살살 문질러 세척한다. 베이킹소다가 없다면 굵은 소금으로 사용해도 좋아요.

How to Make

1 닭가슴살에 소금, 후추, 청주를 넣고 30분 정도 재운다.

2 닭가슴살(1)은 깨끗이 손질하여 반으로 포를 뜬 후 칼등으로 두들겨 얇게 펴고 4조각으로 자른다.

3 달걀노른자는 잘 저어 풀어준 후 올리브오일을 살짝 두른 팬 위에 부어 지단을 부치고 얇게 채 썬다.

4 당근은 깨끗이 씻고, 양파는 껍질을 벗긴 후 각각 얇게 채 썬다.

5 닭가슴살(2) 위에 채 썬 달걀, 당근, 양파를 올려 돌돌 말아준다.

6 올리브오일을 두른 팬 위에 5를 올리고 뒤집어가며 노릇하게 구운 후 소금, 후추로 간한다.

7 볼에 준비된 분량의 소스 재료를 넣고 골고루 섞은 후 곁들인다.

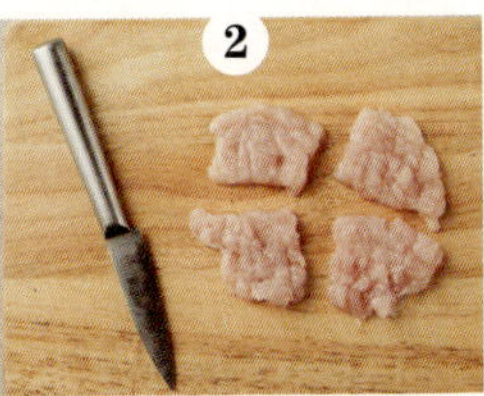

Cooking Tip

닭가슴살을 맥주나 우유에 5~10분 정도 재우면 특유의 비린내와 잡냄새를 말끔히 제거할 수 있어요. 물론 육질도 부드러워지고요.

knife-cut noodles
칼국수

Ready

- 달걀 1개
- 닭가슴살 1조각(120g)
- 당근 1/4개
- 양파 1/4개
- 칼국수면 170g
- 물 3컵
- 간장 1작은술
- 소금 약간
- 후추 약간

How to Make

1 닭고기는 깨끗이 손질하여 끓는 물에 삶은 후 굵직하게 찢어두고, 국물은 체에 걸러 육수로 남겨둔다.

2 당근은 깨끗이 씻고, 양파는 껍질을 벗긴 후 각각 굵직하게 채 썰어둔다.

3 달걀은 볼에 곱게 풀어둔다.

4 냄비에 닭 육수(1)를 붓고 끓으면 칼국수면을 넣어 푹 삶은 후 채 썬 당근과 양파를 넣어 좀 더 끓인다.

5 닭가슴살(1)을 넣고 간장, 소금, 후추로 간한 후 달걀물(2)을 부어 살짝 끓인다.

Cooking Tip

홈메이드 칼국수면 만들기

밀가루 2컵과 물 1/3컵, 소금 약간을 넣고 반죽한 후 비닐 팩에 넣어 15분 정도 숙성시킨 후 밀대로 넓게 펴 돌돌 말아 원하는 굵기로 잘라주면 돼요. 반죽에 녹차가루나 백년초 가루 등을 1큰술 정도 넣어주면 알록달록한 색의 면을 만들 수 있어요.

eggs spice Stews
달걀얼큰찌개

Ready

○ 삶은 달걀(완숙) 1개
○ 닭 260g
○ 당근 1/4개
○ 양파 1/2개
○ 청양고추 1개
○ 참기름 1작은술
○ 물 1컵
○ 후추 약간
○ 청주 1큰술

양념장

○ 고춧가루 1큰술
○ 고추장 1큰술
○ 올리고당 1큰술
○ 간장 1작은술
○ 설탕 약간
○ 다진 마늘 2작은술

How to Make

1 닭은 깨끗이 씻어 적당한 크기로 자른 후 청주와 함께 버무려 재워둔다.

2 당근은 깨끗이 씻고, 양파는 껍질을 벗긴 후 각각 굵직하게 채 썬다.

3 참기름을 두른 팬에 닭과 채 썬 당근, 양파를 함께 넣어 볶는다.

4 냄비에 2의 재료를 넣고 물을 부어 센 불에서 끓인 후 청양고추를 깨끗이 씻어 굵직하게 잘라 넣는다.

5 볼에 준비된 분량의 양념장 재료를 넣고 고루 섞은 후 4에 넣어 볶듯이 저어가며 졸인다.

6 삶은 달걀을 넣고 약한 불에서 좀 더 졸인 후 소금, 후추로 간한다.

bowl of rice capped with eggs and chicken breast
달걀닭가슴살덮밥

Ready

○ 달걀 1개
○ 닭가슴살 1조각(120g)
○ 당근 1/4개
○ 양파 1/2개
○ 밥 1컵
○ 다진 마늘 1작은술
○ 굴소스 1/2큰술
○ 검은깨 1작은술
○ 소금 약간
○ 후추 약간
○ 설탕 약간
○ 올리브오일 약간

How to Make

1 닭가슴살은 깨끗이 손질하여 적당한 크기로 자르고 소금, 후추로 간한 후 올리브 유를 두른 팬에 올려 노릇하게 볶는다.

2 당근은 깨끗이 씻고, 양파는 껍질을 벗긴 후 각각 얇게 채 썬다.

3 달걀은 볼에 곱게 풀어준다.

4 또 다른 팬에 올리브오일을 두르고 다진 마늘을 넣어 볶은 후 채 썬 당근과 양파 를 넣고 다시 한번 볶는다.

5 닭가슴살(1)과 2의 재료를 넣고 밥을 넣어 볶다가 달걀물(3)과 굴소스를 넣고 좀 더 볶는다. 소금, 후추, 설탕으로 간하고 검은깨를 살짝 뿌린다.

Cooking Tip

굴 소스란?

신선한 생굴을 소금에 절여 발효시켜 나온
국물에 밀가루와 전분 등을 섞어 걸쭉하게
만든 조미료예요. 요리할 때 굴 소스를 조금
첨가하면 더욱 감칠맛 나는 음식을
만들 수 있답니다.

달걀+사과+햄+피망

바삭바삭, 알록달록⋯ 이번에는 눈과 귀가 즐거워지는 음식을 만들어볼까요? 색색의 피망과 사과, 햄이 함께 어우러지면 씹는 소리도 상쾌하고, 눈에 보이는 요리의 색도 풍부해 진답니다.

ham and vegetables fried

햄채소튀김

Ready

- ○ 달걀 1개
- ○ 햄 30g
- ○ 사과 1/6개
- ○ 청피망 1/8개
- ○ 홍피망 1/8개
- ○ 튀김가루 1/3컵
- ○ 식용유 적당량
- ○ 소금 약간
- ○ 후추 약간
- ○ 설탕 약간

How to Make

1 청피망, 홍피망, 사과는 깨끗이 씻어 얇게 채 썰고, 햄도 얇게 채 썰어준다.

2 볼에 달걀을 넣어 곱게 풀고 튀김가루와 소금, 후추, 설탕을 넣어 잘 섞어준 후 채 썬 피망과 사과, 햄을 넣어 함께 섞는다.

3 식용유를 두른 팬에 어느 정도 온도가 오르면 2를 한 스푼씩 떠 넣어 노릇하게 튀긴다.

Cooking Tip

튀김 후 남은 기름 활용법

대파의 푸른색 부분 또는 뿌리 부분을 씻어 말려둔 것을 남은 기름에 넣고 끓여주세요. 그러면 기름에 남아있던 찌든 냄새가 말끔히 없어진답니다. 이렇게 한 번 끓인 기름은 완전히 식혀 물기 없는 유리병에 담아 서늘한 곳에서 보관하여 다시 사용할 수 있는데 10일 정도는 맑은 상태로 재사용이 가능하답니다.

월남쌈

Ready

○ 달걀 1개
○ 슬라이스 햄 3장
○ 청피망 1/4개
○ 홍피망 1/4개
○ 사과 1/4개
○ 라이스페이퍼 6장
○ 올리브오일 약간
○ 소금 약간
○ (미지근한)물 적당량

소스

○ 땅콩버터 1큰술
○ 올리고당 1큰술
○ 레몬즙 1큰술

How to Make

1 청피망, 홍피망, 사과는 깨끗이 씻어 얇게 채 썰고, 슬라이스 햄도 얇게 채 썰어준다.

2 달걀은 잘 저어서 풀어준 후 소금으로 간하고, 올리브오일을 두른 팬에 올려 도톰하게 지단을 부친 후 채 썬다.

3 볼에 미지근한 물을 부어 라이스페이퍼를 담갔다 뺀 후 손질한 모든 재료를 넣고 돌돌 말아준다.

4 볼에 분량의 소스 재료를 넣고 골고루 섞은 후 곁들인다.

Cooking Tip

라이스페이퍼 한 장의 칼로리는 대략 16kcal 정도라고 해요. 여기에 지방 함유량은 1g이라고 하니 다이어트 음식으로는 딱 이라고 할 수 있겠죠?

구운채소꼬치

Ready

○ 삶은 달걀(완숙) 1개
○ 미니소시지 2개
　　(1개=20g*2)
○ 사과 1/4개
○ 청피망 1/4개
○ 홍피망 1/4개
○ 버터 1큰술
○ 물 적당량

소스
○ 올리고당 1큰술
○ 케첩 1큰술
○ 다진 홍고춧가루
　　1/2작은술
○ 다진 고춧가루 1/2작은술
○ 설탕 1작은술
○ 후추 약간

How to Make

1 사과는 깨끗이 씻어 반으로 잘라 굵직하게 썰고, 청피망, 홍피망은 깨끗이 씻어 굵직하게 썬다.

2 버터를 두른 팬에 사과와 청피망, 홍피망을 올려 노릇하게 굽는다.

3 다른 팬에는 버터를 둘러 미니소시지를 노릇하게 굽고, 달걀은 반으로 잘라둔다.

4 꼬치에 모든 재료를 가지런하게 꽂는다.

5 볼에 분량의 소스 재료를 넣고 고루 섞은 후 꼬치에 곁들인다.

달걀
+소고기
+콩
+치즈

가끔 손님을 초대하거나 폼 나는 일품 요리를 해야 할 때는 고민하지 말고 지금부터 소개할 네 가지 재료만 기억 해두세요. 듣기만 해도 건강해질 것 같은 달걀, 소고기, 콩, 치즈를 모아 정성껏 요리한다면 두말 할 필요도 없는 영양만점, 개성만점 요리가 만들어지 겠죠? 만드는 사람은 물론 대접받는 손님까지 두 배로 행복해지는 특별한 식탁으로 초대합니다.

meat loaf
미트로프

Ready

○ 달걀 1개

○ 다진 소고기 700g

○ 다진 완두콩 1/2컵

○ 체다치즈 3/4컵

○ 빵가루 1/2컵

○ 우유 1컵

○ 다진 마늘 2작은술

○ 소금 약간

○ 후추 약간

소스

○ 케첩 4큰술

○ 황설탕 1큰술

○ BBQ소스 1큰술

○ 우스터소스 1작은술

○ 머스터드 1작은술

How to Make

1 볼에 달걀과 다진 소고기, 다진 완두콩, 체다치즈, 빵가루, 우유, 다진 마늘, 소금, 후추를 넣고 고루 섞어 치댄 후 냉장고에서 20분간 숙성시킨다

2 다른 볼에는 분량의 소스 재료를 넣어 골고루 섞어 둔다.

3 숙성시켜 둔 반죽을 꺼내 오븐 팬에 꾹꾹 눌러 넣고, 위에 2의 소스를 골고루 부어 180℃로 예열한 오븐에서 1시간 정도 구워준다.

Cooking Tip

미트로프의 양이 너무 많아 한 번에 먹기 부담스럽다면 요리 후 적당한 두께로 잘라 냉동실이나 냉장실에 넣어 보관하세요. 먹을 때마다 적당량을 꺼내 식용유를 살짝 두른 팬에 올려 데워먹어도 좋아요. 아이들이 있다면 샐러드에 넣어주거나 햄버거 속 패티로 활용해도 좋아요.

a bowl of rice topped with beef and bean and cheese
소고기콩치즈덮밥

Ready

○ 달걀 1개

○ 다진 소고기 40g

○ 삶은 완두콩 2큰술

○ 슬라이스치즈 1장

○ 밥 1컵

○ 버터 1큰술

○ 칠리소스 2큰술

○ 설탕 약간

○ 소금 약간

How to Make

1 버터를 두른 팬에 다진 소고기를 올려 볶다가 밥과 삶은 완두콩을 넣어 좀 더 볶는다.

2 칠리소스를 넣고 볶은 후 소금과 설탕으로 간한다.

3 달걀은 잘 저어서 풀고 소금으로 간한 후 올리브오일을 두른 팬에 부어 얇게 지단을 부친다.

4 볶음밥(2)을 그릇에 담고 슬라이스치즈를 올린 후 전자레인지에 넣어 1분 정도 돌려 꺼내고 마지막으로 달걀지단을 올린다.

Cooking Tip

완두콩을 껍질째 깨끗이 씻은 다음 끓는 물에 소금을 넣고 10분 정도 삶은 후 건져내 껍질을 벗겨 냉동실에 보관하면 신선하게 오래 보관할 수 있어요. 이렇게 보관해둔 완두콩은 덮밥이나 볶음밥 또는 밥을 지을 때 활용하면 아주 편리하답니다.

beef and green bean salad

소고기껍질콩샐러드

Ready

○ 삶은 달걀(완숙) 1개
○ 소고기 80g
○ 껍질콩 4개(20g)
○ 삶은 완두콩 2큰술
○ 삶은 강낭콩 1큰술
○ 페타치즈 40g
○ 올리브오일 약간
○ 소금 약간
○ 후추 약간
○ 물 적당량

소스

○ 올리브오일 3큰술
○ 발사믹 식초 1작은술
○ 레몬즙 1큰술
○ 소금 약간
○ 후추 약간

How to Make

1 껍질콩은 깨끗이 씻어 끓는 물에 데친 후 반으로 자르고, 페타치즈는 적당한 크기로 자른다.

2 올리브오일을 두른 팬에서 소고기를 볶은 후 소금, 후추로 간한다.

3 볼에 삶은 완두콩과 삶은 강낭콩, 껍질콩, 페타치즈, 소고기를 모두 넣은 후 분량의 소스 재료를 넣고 골고루 버무린 다음 마지막으로 1/4등분한 삶은 달걀을 곁들인다.

beef and bean soup

소고기콩죽

Ready

○ 노른자 1개 ○ 다진 소고기 30g ○ 삶은 완두콩 1큰술

○ 슬라이스치즈 1/4조각 ○ 다시마 육수 1+1/2컵 ○ 밥 1컵

○ 참기름 2작은술 ○ 간장 1/2작은술 ○ 다진 참깨 1작은술

○ 소금 약간

How to Make

1 냄비에 참기름을 두르고 다진 소고기를 넣어 볶다가 밥을 넣어 좀 더 볶는다.

2 다시마 육수를 붓고 삶은 완두콩을 굵직하게 다져 넣은 후 센 불에서 팔팔 끓이다가 약한 불로 줄여 푹 끓인다.

3 슬라이스치즈와 간장, 참깨를 넣어 잘 저은 후 부족한 간은 소금으로 맞추고 마지막으로 노른자를 곁들인다.

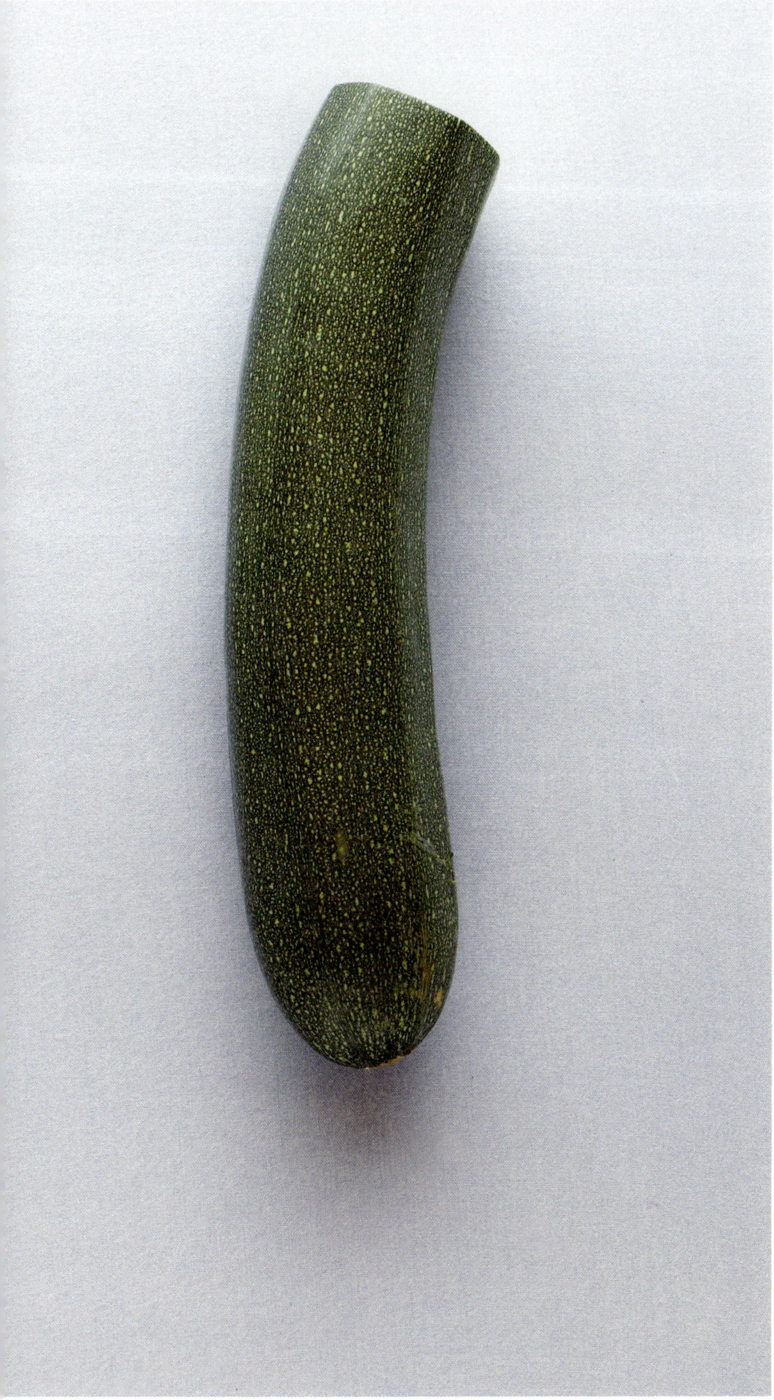

RECIPE 4

달걀 + 두부 + 호박 + 김치

다이어트를 하려는 사람들은 물론 채식주의자들도 부담 없이 먹을 수 있는 깔끔한 요리를 준비했어요. 포만감은 크지만 체중에 대한 부담은 크게 갖지 않아도 될 만한 아주 심플한 요리들이랍니다.

tofu sujebi

두부수제비

Ready

- 달걀 1/2개
- 두부 1/4모
- 묵은지 1줄기
- 애호박 1/4개
- 밀가루 1/2컵
- 물 3큰술
- 청양고추 1/2개
- 다시마육수 2+1/2컵
- 간장 1작은술
- 소금 약간

How to Make

1 볼에 밀가루와 물, 달걀, 두부, 소금을 넣고 고루 반죽하여 비닐 팩에 넣은 후 10분간 실온에서 휴지시킨다.

2 묵은지는 깨끗이 씻어 속을 털어낸 후 길게 자르고 두부는 적당한 크기로 자른다.

3 애호박은 깨끗이 씻어 반달모양으로 채 썰고, 청양고추는 깨끗이 씻어 둥글게 자른다.

4 냄비에 다시마육수를 붓고 씻은 묵은지와 채 썬 애호박을 넣고 끓인다.

5 휴지시켰던 반죽은 한입 크기로 떼어내 육수에 넣고 센 불에서 파르르 끓인다.

6 간장과 소금으로 간을 맞춘 후 두부와 청양고추를 넣고 다시 한번 끓인다.

tofu canape

두부카나페

Ready

○ 삶은 메추리알 4알
○ 두부 1/2모
○ 묵은지 30g
○ 주키니 1/10개
○ 간장 1작은술
○ 올리고당 1작은술
○ 참기름 1작은술
○ 참깨 1/2작은술
○ 설탕 약간
○ 레몬즙 1/4작은술
○ 검은깨 약간
○ 올리브오일 약간
○ 물 적당량

소스

○ 마요네즈 1큰술
○ 고추냉이 1/2작은술
○ 올리고당 1/2작은술

How to Make

1 두부는 4×4×1cm 정도 크기로 자른 후 올리브오일을 두른 팬에 올려 노릇하게 굽다가 간장, 올리고당, 참기름을 1/2작은술 넣고 약한 불에서 조린다.

2 묵은지는 물에 씻어 물기를 제거한 후 잘게 다져 남은 참기름 1/2작은술, 참깨, 설탕, 레몬즙을 넣고 고루 버무린다.

3 주키니는 깨끗이 씻어 동그랗고 얇게 채 썰고, 올리브오일을 두른 팬에 올려 살짝 볶는다.

4 삶은 메추리알은 올리브오일을 두른 팬에서 노릇하게 굽는다.

5 볼에 분량의 소스 재료를 넣고 고루 섞는다.

6 두부(1) 위에 묵은지(2)와 주키니(3), 메추리알(4)을 올리고, 마지막으로 소스와 검은깨를 올린다.

Cooking Tip

삶은 메추리알은 빈 냄비에 넣고 뚜껑을 덮은 후 마구 흔들어주면 서로 부딪혀 자연스럽게 금이 가기 때문에 돌려서 껍질을 한 번에 쉽게 벗길 수 있어요.

검은콩두부커틀릿

Ready

○ 달걀물 1/4개 분량

○ 검은콩두부 1/2모

○ 주키니 1/8개

○ 묵은지 1줄기

○ 밀가루 1작은술

○ 빵가루 1/2큰술

○ 버터 2작은술

○ 식용유 적당량

○ 설탕 약간

○ 후추 약간

소스

○ 달걀노른자 1/2개

○ 버터 1작은술

○ 생크림 3큰술

○ 설탕 약간

○ 소금 약간

○ 후추 약간

How to Make

1 두부는 10×7×2cm 정도의 크기로 자른 후 밀가루, 달걀물, 빵가루 순으로 골고루 묻힌다.

2 팬에 식용유를 적당히 붓고 온도가 오르면 두부를 넣어 노릇하게 튀긴다.

3 묵은지는 깨끗이 씻어 물기를 제거한 후 적당한 크기로 잘라 버터를 두른 팬에 넣어 볶다가 설탕, 후추로 간한다.

4 주키니는 깨끗이 씻어 반달모양으로 얇게 채 썰고 다른 팬에 넣어 볶는다.

5 팬에 준비된 소스 재료 중 먼저 버터를 올려 약한 불에서 녹이다가 생크림을 부어 잘 저어가며 끓인 후 달걀노른자를 넣어 빠르게 저은 다음 설탕, 소금, 후추로 간한다.

튀긴두부김치샐러드

Ready

○ 달걀노른자 1개(삶은 것)
○ 두부 3/4모
○ 묵은지 2줄기
○ 주키니 1/8개
○ 녹말가루 적당량
○ 식용유 적당량
○ 물 적당량

소스

○ 다진 참깨 1큰술
○ 올리고당 1큰술
○ 간장 1작은술
○ 레몬즙 1작은술
○ 후추 약간

How to Make

1 주키니는 깨끗이 씻어 반달모양으로 얇게 채 썰고 끓는 물에 살짝 데친다.

2 달걀노른자는 굵게 다지고, 묵은지는 깨끗이 씻어 물기를 제거한 후 굵직하게 썬다.

3 팬에 식용유를 붓고 온도가 오르면 정사각형(사방 2cm 정도) 모양으로 자른 두부에 녹말가루를 살짝 묻힌 후 넣어 바삭바삭하게 튀긴다.

4 볼에 묵은지(2)와 주키니(1), 분량의 소스 재료를 넣고 고루 버무린 다음, 튀긴 두부를 넣어 함께 버무린 후 다져둔 달걀노른자(2)를 뿌려 곁들인다.

scottish eggs
스코티시에그

Ready

- 삶은 달걀 1개
- 달걀물 1개 분량
- 두부 1/4모
- 애호박 1/8개
- 김치 1/3줄기
- 다진 소고기 50g
- 케첩 2작은술
- 밀가루 1/4컵
- 빵가루 1/4컵
- 식용유 적당량
- 소금 약간
- 후추 약간

How to Make

1 애호박은 깨끗이 씻어 잘게 다지고, 김치는 물에 헹궈 잘게 다져준다.

2 두부는 거즈에 올려 꼭 짜서 물기를 뺀 후 으깬다.

3 볼에 손질한 1과 2, 다진 소고기를 넣고 골고루 섞은 후 소금, 후추로 간한다.

4 삶은 달걀 겉에 3을 골고루 덧붙여 달걀 모양을 유지하도록 둥글고 단단하게 성형한다.

5 성형한 4의 표면에 밀가루, 달걀물, 빵가루 순으로 골고루 묻힌다.

6 팬에 식용유를 붓고 끓으면 5를 넣어 노릇하게 튀긴 후 케첩을 곁들인다.

PART 5

EGG DESSERT
달걀 간식

요크셔푸딩
에그크림바닐라쉐이크

yorkshire pudding
요크셔푸딩

Ready

○ 달걀 1/2개

○ 박력분 30g

○ 우유 85ml

○ 물 1/4큰술

○ 메이플시럽 적당량

○ 소금 약간

○ 버터 약간

How to Make

1 박력분은 체에 내리고 소금을 넣어 고루 섞는다.

2 다른 볼에 달걀과 우유, 물을 넣고 골고루 저어 섞는다.

3 2에 1의 재료를 넣고 다시 한번 섞는다.

4 버터를 녹여 머핀틀(사방 약 4cm)에 골고루 바르고, 반죽(3)을 머핀틀의 절반 정도 차도록 붓는다.

5 4의 머핀틀을 210℃로 예열한 오븐에 넣어 20분 정도 노릇하게 구워 메이플시럽을 곁들인다.

에그크림바닐라쉐이크

Ready

○ 달걀노른자 1개 ○ 우유 1/4컵 ○ 탄산수 1/4컵

○ 꿀 1큰술 ○ 생크림 1큰술 ○ 바닐라아이스크림 3큰술 ○ 얼음 1/2컵

How to Make

1 믹서에 달걀노른자와 우유, 생크림, 바닐라아이스크림을 넣고 갈아준다.

2 1의 믹서에 탄산수와 꿀, 얼음을 넣어 다시 한번 살짝 갈아낸다.

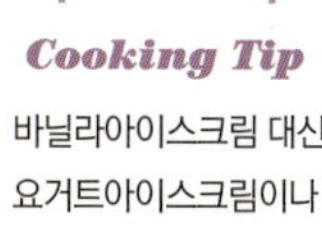

Cooking Tip

바닐라아이스크림 대신
요거트아이스크림이나
플레인요구르트를 사용하면
칼로리를 좀 더 낮출 수 있어요.

souffle
수플레

Ready

○ 달걀 2개

○ 달걀흰자 2개

○ 설탕 30g

○ 슈거파우더 100g

○ 버터 약간

How to Make

1 오븐용 용기(지름 8cm, 높이 5cm)에 버터를 바르고 그 위에 설탕을 코팅하듯이 골고루 묻힌다.

2 볼에 달걀노른자와 슈거파우더 1/2분량을 넣고 휘핑기로 섞는다.

3 다른 볼에 달걀흰자를 넣어 휘핑기로 섞어 단단하게 한 후 나머지 슈거파우더를 넣고 고무주걱으로 살살 섞어준다.

4 3의 볼에 2를 넣어 재료가 꺼지지 않도록 살살 섞은 후 오븐용 용기(1)에 절반 정도 채워 넣은 다음 180℃로 예열한 오븐에서 12분 정도 굽는다.

eggs cookies
에그쿠키

Ready

○ 달걀노른자 3개(삶아서 으깬 것)
○ 달걀노른자 1개
○ 박력분 125g
○ 버터 60g
○ 설탕 50g
○ 바닐라에센스 약간
○ 버터 약간

How to Make

1 박력분을 체에 내린 후 설탕을 넣어 섞는다.

2 다른 볼에 달걀노른자와 버터를 넣고 휘핑기로 섞은 후 박력분과 삶아서 으깨 놓은 달걀노른자를 넣어 치대어 반죽한다.

3 비닐 팩으로 감싼 후 냉장고에 넣어 30분 정도 숙성시킨다.

4 숙성시킨 반죽은 밀대로 도톰하게 밀어 지름 3cm 크기의 원형 틀로 찍어낸다.

5 오븐용 팬에 버터를 골고루 바른 후 4를 올려 180℃로 예열된 오븐에서 15분 정도 노릇하게 굽는다.

Cooking Tip

먹다 남은 레몬껍질을 깨끗이 씻어 물기를 제거한 후 노란 부분만 강판에 갈아 반죽할 때 함께 넣으면 레몬 향이 배가 되어 훨씬 더 상큼해진답니다.

eggnog
에그노그

Ready

- ○ 달걀 2개
- ○ 설탕 2큰술
- ○ 럼 1큰술
- ○ 브랜디 1큰술
- ○ 우유 1/2컵
- ○ 넛맥 약간
- ○ 생크림 1/3컵

How to Make

1 달걀은 노른자와 흰자를 분리한다.

2 볼에 달걀노른자와 설탕, 럼, 브랜디를 넣고 잘 섞어준 후 그대로 냉장고에 30분 정도 차게 넣어둔다.

3 다른 볼에 우유와 넛맥을 강판에 갈아 넣고 골고루 섞는다.

4 또 다른 볼에는 달걀흰자와 생크림을 넣고 휘핑기로 고루 섞는다.

5 컵에 2를 먼저 붓고, 그 다음 3을 부운 후 마지막으로 4를 올려 완성한다.

Cooking Tip

크리스마스 칵테일로 유명한 에그노그는
우유와 달걀의 비린 맛을 완화시키기 위해
소량의 넛맥을 꼭 넣어줘야 해요.
넛맥 홀이 없다면 파우더나 가루 형태로
되어 있는 것을 넣어도 됩니다.

달걀 좋아

초판 1쇄 발행 2018년 4월 10일

지은이 박용일
펴낸이 김영조
콘텐츠기획팀 홍지은, 신수연
마케팅팀 이유섭, 배태욱
경영지원팀 정은진
외부스태프 디자인 ALL design group
촬영 이과용(15스튜디오)
요리&스타일링 어시스트 남경현(YONG STYLE)
펴낸곳 싸이프레스
주소 서울시 마포구 양화로7길 4-13(서교동 392-31) 302호
전화 02-335-0385/0399
팩스 02-335-0397
이메일 cypressbook1@naver.com
홈페이지 www.cypressbook.co.kr
블로그 blog.naver.com/cypressbook1
포스트 post.naver.com/cypressbook1
페이스북 www.facebook.com/cypressbook
인스타그램 @cypress_book
출판등록 2009년 11월 3일 제2010-000105호

ISBN 979-11-6032-041-1 13590

이 도서의 국립중앙도서관 출판시도서목록(CIP)은 e-CIP홈페이지(http://www.nl.go.kr/cip.php)와 국가자료공동목록시스템(http://www.nl.go.kr/kolisnet)에서 이용하실 수 있습니다.(CIP 제어번호: 2018008610)